Die
Erzgänge
und
Eisensteins-Lagerstätten
des
Nordwestlichen Hannoverschen Ober-Harzes.

Von

Dr. *Zimmermann*,
Königl. Hannoverschem Berg-Secretair.

(Aus Bd. X. des Archivs für Mineralogie, Geognosie, Bergbau und Hüttenkunde besonders abgedruckt.)

Mit einer Karte.

Berlin,
gedruckt und verlegt bei G. Reimer.
1837.

Die Erzgänge und Eisensteins-Lagerstätten des nordwestlichen Hannoverschen Oberharzes.

Von

Herrn Berg-Secretair Dr. Zimmermann.

Die hier folgenden Mittheilungen sind als Erläuterungen zu der Gangkarte zu betrachten, welche meinem Vortrage überall zum Grunde liegt, indem nur durch sie eine Uebersicht der Gangverhältnisse, und der auf den Gangzügen bauenden Gruben, gewonnen werden kann.

§. 1.

Zweck und Entstehung der Karte.

Die Oberharzischen Bleiglanzgänge auf der nordwestlichen Seite des Quarzfelsrückens des Bruchberges und der Granitgruppe des Brockens, zeigen so grosse Uebereinstimmung in ihrem äusseren und inneren Verhalten, dass sie, als zu einem, diesem Theile des Gebirges eigenthümlichen Systeme gehörig, aufgefasst werden können. In dieser Hinsicht kann es daher nicht ohne Interesse seyn, — wenn auch vorerst ihre inneren Verhältnisse nicht vollständig beachtet werden, — ihre äusseren Beziehungen zum Gebirge und unter einander darzustellen. Die Eisensteins-Lagerstätten des eben bezeichneten Bezirks bilden, bis auf wenige Ausnahmen, schon, in so weit sie dem Grünsteine angehören, was bei der grösseren Zahl der Fall ist, durch die Beschränkung ihrer Verbreitung und ihre im Allgemeinen übereinstimmende Richtung, ein noch mehr geschlossenes System. Dieses sowohl, als vorzüglich jenes der Bleiglanzgänge zur Anschauung zu bringen, ist der Zweck der Karte, zu deren Erläuterung diese Blätter dienen sollen. Wenn es ein nicht unwichtiger Gesichtspunkt für die Geognosie ist, die Verbreitung einzelner Gebirgsformationen und ihre verschiedenen Oertlichkeiten festzuhalten: so erscheint es für die Lehre von den Gängen nicht weniger wichtig, die räumlichen Beziehungen kennen zu lernen, in welchen diese eigenthümlichen Gebilde zu einander stehen, so wie die Ausdehnung, die unterscheidbaren Formationen derselben in gewissen Gebieten zukommt. Dass eine solche Uebersicht, wie sie die Karte bietet, einzelne Punkte in Verbindung bringt, und Gänge, die in weiter Entfernung von einander bebaut oder erschürft worden sind, als Fortsetzungen von einander erkennen lässt, kann zu neuen Versuchen veranlassen; so wie überhaupt die Verzeichnung der nur theilweise bekannten Gänge auf der Karte über die Richtungen belehrt, in welchen die Punkte liegen, wo mit Hoffnung zu ihrer weiteren Auffindung Versuche anzustellen seyn dürften. In dieser Art wird die Karte, welche gleichsam ein Inventarium aller bekannten Gänge darbietet, zu praktischen Zwecken dienen. Gerade diese Zwecke haben schon früher zu ähnlichen Zusammenstellungen Veranlassung gegeben, welche bei der vorliegenden Arbeit benutzt werden konnten. Insbesondere hat eine ähnliche Manuscript-Karte des vormaligen Markscheiders Quensell, welcher als ein sehr zuverlässiger Mann anerkannt ist, zur Grundlage gedient. Jedoch ist dieselbe nicht ohne Prüfung geblieben, woraus bedeutende Berichtigungen, welche durch die in neuerer Zeit erlangten Aufschlüsse möglich geworden, hervorgegangen sind. Ausserdem ist jene erste Grundlage einer Gangkarte des Zellerfelder und Clausthaler Reviers beträchtlich erweitert und vielfach ergänzt worden, so dass die vorliegende Arbeit im Wesentlichen als neu betrachtet werden kann. Die Verzeichnung der Eisensteins-Lagerstätten ist ganz neu hinzugefügt. Zu den Erweiterungen und Ergänzungen haben ältere und neuere Markscheider-Risse, so wie auch ein Exemplar der Quensellschen Karte gedient, auf welche der Herr Ober-Bergmeister Ey zu Zellerfeld die aus neueren Schurfarbeiten und sonstigen bergmännischen Unternehmungen erlangten neuen Aufschlüsse hat auftragen lassen. Andere Ergänzungen verdankt man den Mittheilungen des Herrn Markscheider Wendeborn in Ansehung des Zellerfelder Bezirks, so wie die Berichtigungen der Darstellungen des Rosenhöfer und Burgstädter Zuges den Herren Vice-Markscheidern Polle und Kerl.

§. 2.

Umfang der Karte, geognostische Begränzung und Individualität des Ganggebietes.

Die Karte umfasst das Gebirgsplateau von Clausthal und Zellerfeld mit seiner nächsten Umgebung, welches östlich von der Oker, südöstlich von der Söse, südlich, südwestlich und westlich von den Gebirgshöhen des Clausbergs, des Heiligenstocks und der Innerst, nördlich und nordöstlich aber von den Gebirgshöhen des Bocksbergs und Kahlebergs begränzt wird. Jenseits der Oker und Söse ist nur noch ein schmaler Rand auf der Karte verzeichnet, womit sie nahe vor dem Bruchberge und an dem rechten Ufer der Oker endigt. Gegen Nordwest und Nord tritt sie bei Lautenthal über die Innerst hinaus, so wie auch gegen Westen, und reicht bis zum Fusse des Gebirges jenseits Grund, bei Windhausen. Südwestlich und südlich erreicht sie den Fuss des Gebirges nicht völlig. Das ganze Ganggebiet, worauf sich die Karte bezieht, wird nördlich und nordwestlich durch den Grünsteinzug, welcher vom Steinberge bei Goslar beginnt und hinter Wolfshagen und Lautenthal durchzieht; südöstlich aber durch den Quarzfelsrücken des Bruchbergs und zum Theil durch die fast parallel davor liegenden Grünsteinzüge von Lerbach und Altenau; weiter östlich alsdann durch die Kieselschiefer-, Hornfels-, Granit- und Grünstein-Parthien des Okerthals umschlossen. Auf der Gebirgskarte vom Harze ist diese geognostische Begränzung deutlich zu übersehen und geht daraus hervor, dass das besprochene Ganggebiet auch durch geognostische Verhältnisse eigenthümlich individualisirt ist.

Die Bleierzgänge sind an das in der bezeichneten Art geognostisch umschlossene Grauwacken-Thonschiefergebirge gebunden, dessen Schichten, mit Ausnahme weniger Störungen, von Südwest nach Nordost streichen und gegen Südost einfallen, während die Gänge von Nordwest nach Südost streichen und nach Südwest einfallen.

Nur zur Bockswiese tritt eine Kalkeinlagerung als Nebengestein an den Gang, und am Iberge zeigt sich gangartiges Vorkommen von Bleiglanz im Uebergangs-Kalke oder im nahen Hangenden desselben.

Die Eisensteins-Lagerstätten gehören, bis auf wenige Ausnahmen, dem Grünstein-Gebirge an, wie wir es noch mit einem allgemeinen Namen bezeichnen, ob uns gleich der Hypersthen darin nicht unbekannt ist, — und dem massigen Kalksteine bei Grund am Iberge.

§. 8.

Einrichtung der Karte.

Die Gänge sind, in so weit sie bergmännisch bebaut worden, durch doppelte Linien angegeben; wo aber nur Versuche darauf Statt gehabt, ist deren Ausdehnung durch einfache Linien bezeichnet. Durch Schürfe oder andere Entblösungen am Tage ermittelte Streichungslinien sind nur punktirt. Nur bei den Eisensteinsgängen sind wirklich bebaute Grubenfelder zum Theil doch nur durch einfache Linien angezeigt. Stollen und Querschläge ausserhalb der Gänge sind gleichfalls nur mit einzelnen Linien angegeben. Die tiefe Wasserstrecke aber, welche 60 Lachter unter dem tiefen Georgstollen die Gruben des Burgstädter und Rosenhöfer Zugs in Verbindung setzt, ist mit einer unterbrochenen Linie verzeichnet.

Das Fallen oder die Neigung der Gänge gegen den Horizont erhellet schon zum Theil aus der Lage der Schachtfiguren am Tage und ist im Allgemeinen, wie schon gesagt, südwestlich anzunehmen; wo die Richtung desselben entgegengesetzt ist, wird dies durch einen Pfeil angezeigt.

Das Verhalten der Gänge hat begreiflich fast immer nur in einem horizontalen Durchschnitte dargestellt werden können, und sind dazu die Tiefen gewählt, in welchen die Gänge oder Gangzüge bis jetzt am vollständigsten bekannt sind. Dass diese Tiefe nicht für alle Gangzüge hat dieselbe seyn können, liegt in der Natur der Sache und hat den Nachtheil, dass, da doch alle Durchschnitte wieder auf eine Ebene gebracht werden mussten, diese, genau genommen, um die Differenz der Sohlen, in der Richtung des Fallens zu weit vorwärts oder zurück liegen, indem diese Differenz, die jedoch bei dem gewählten Massstabe fast verschwindet, bei der Auftragung auf die Ebene der Karte nicht überall gleichmässig hat beachtet werden können, wenn ein wirklich Statt findender Zusammenhang verschiedener Gänge oder Gangzüge nicht scheinbar unterbrochen dargestellt werden sollte.

Bei der specielleren Erwähnung der einzelnen Gänge und Gangzüge, werden die Sohlen näher bezeichnet werden, in welchen die Durchschnitte genommen worden.

Hier mag zu vorläufiger Orientirung die allgemeine Anführung genügen, dass die verschiedenen Stollen und die tiefe Wasserstrecke in folgender Ordnung tiefer und tiefer liegen:

1. Rabenstollen beim Rosenhöfer Zuge Nr. 240.
2. Frankenscharner Stollen Nr. 224.
3. Grumbacher Stollen zur Bockswiese Nr. 58.
4. Lautenthaler Hoffnungsstollen für die Bockswiese (Nr. 19).
5. Neunzehn-Lachter-Stollen bei Wildemann Nr. 152 und 153.
6. Dreizehn-Lachter-Stollen Nr. 150.
7. Tiefer Sachsenstollen bei Lautenthal (Nr. 5).
8. Tiefer Georgstollen bei Grund Nr. 238 c.
9. Tiefe Wasserstrecke etwa 60 Lachter tiefer.

Das Compassbild ist zu dem Zwecke leichterer Orientirung über das Streichen der einzelnen Lagerstätten auf die Karte aufgetragen, obgleich zur Orientirung der ganzen Karte die darauf verzeichnete wahre Mittagslinie schon hinreichend seyn würde. Um jenen Zweck zu erreichen, ist der Compass als Setzcompass mit der auf der 12ten Stundelinie, welche also in der Richtung des magnetischen Meridians liegt, einspielenden Nadel verzeichnet und so gelegt, dass die Mittagslinie mit ihrer hiesigen östlichen Abweichung von dem dermaligen magnetischen Meridian in Stunde 1. 2. den Compass trifft, oder, was dasselbe ist, die Richtung der Nadel unter dem Winkel von 18° 45′ schneidet.

Durch diese Verzeichnung des Compasses als Setzcompass ist es thunlich, das observirte Streichen jeder auf der Karte verzeichneten Linie, wie es gewöhnlich durch den Hängecompass gefunden wird, auf der Karte selbst beiläufig dadurch zu ermitteln, dass eine Parallele der betreffenden Linie durch den Mittelpunkt des Stundenkreises des Compassbildes gedacht wird. Diese Parallele schneidet den Stundenkreis, und die Theilung desselben giebt das Streichen an.

§. 4.

Uebersicht der Bleierz-Haupt-Gangzüge.

Die Oberharzischen Bleierzgänge haben das Eigenthümliche, dass fast immer entweder mehre Gänge mit einander in Verbindung treten, indem sie ab- und zulaufende Trümmer bilden und solchergestalt einen Zug — einen Gangstrich — eine Gangregion ausmachen; oder dass in einer mächtigen Gangmasse, die wesentlich aus einem mehr oder weniger milden Thonschiefer, oder aus gestörten Grauwacken-Partien besteht, Erztrümmer aufsetzen, die auch bisweilen in das Nebengestein selbstständig fortlaufen. Beide Verhältnisse sind wohl zu unterscheiden; das erstere stellt sich z. B. im Rosenhöfer Zuge dar; das andere auf dem Burgstädter Zuge. Die Ausfüllungen bestehen, ausser dem milden, in der Regel glimmerfreien Thonschiefer und der Grauwacke, eines Theils vorherrschend aus Kalkspath und Quarz, mit weniger Schwerspath und Eisenspath; andern Theils überwiegend mit aus Schwerspath, oder auch wohl Eisenspath. Die Erze sind Bleiglanz, oft in Verbindung mit Bleischweif, Zink-Blende und Kupferkies; selten Fahlerz (Schwarzerz) und Bournonit. Der Kupferkies zeigt sich bisweilen in einzelnen Trümmern vorherrschend. Kohlensaures Blei, Bleiglas, Grünbleierz und Malachit finden sich nur einzeln in oberen Teufen.

Wir gehen zur Uebersicht der Lokal-Verhältnisse der Gänge über. Es ist in dieser Beziehung festzuhalten, dass, wie schon gesagt, sämmtliche Gangzüge von Nordwest nach Südost ihre Hauptlängen-Ausdehnung haben und mit wenigen Ausnahmen südlich oder südwestlich einfallen, so dass das entgegengesetzte Fallen als verkehrt bezeichnet zu werden pflegt. Wenn also letzteres nicht ausdrücklich angegeben wird, ist immer das erstere vorhanden.

Wenn Entfernungen von Scharungspunkten von einem oder dem anderen fixen Punkte, z. B. von einem Schachte ab, angegeben werden, so gelten solche begreiflich nur für die Horizontal-Ebene, worin die Verzeichnung geschehen, und darf nicht unbeachtet bleiben, dass sich solche Scharungspunkte nach Massgabe der Lage des Durchschnittes der beiden betreffenden Gang-Ebenen in anderen Teufen verrücken.

1) Gehen wir, etwa in der Mitte der Karte, von den beiden Städten Clausthal und Zellerfeld aus: so ist der erste Hauptgangzug, welchen wir zu bemerken haben, der, welcher nahe an der Gränze der beiden Stadtgebiete hindurchläuft und östlich den Namen des Burgstädter Zuges, westlich den des Zellerfelder Hauptzuges führt. Die Hauptrichtung dieses Zuges geht von Nordwest nach Südost, obgleich er, genau genommen, zwei Curven bildet, wovon die westliche nördlich convex ausbiegt und sich südwestlich wendet, wenn insbesondere die in dieser Richtung auf dem Charlotter Gange bekannten Punkte Nr. 227 und 228 am Hohen Berge bei Wildemann mit berücksichtigt werden. Der östliche Theil des Zuges (Burgstädter Zug) bildet eine nach Süden convexe Curve, welche sich um so deutlicher herausstellt, wenn die Punkte Nr. 55 und 56 am Coventshai und den Jägersplätzen im Zusammenhange gedacht und selbst Nr. 61 und 62 am Dietrichsberge hierher bezogen werden.

2) Zunächst im Liegenden, also nordöstlich von diesem Hauptgangzuge, setzen Gänge auf, welche noch nicht als eine zweite Parallele anzusprechen sind, da sie dem Hauptzuge aus dem Liegenden zulaufen. Es sind dies die Mönchsthaler Gänge, worauf unter dem Namen Franz August (Nr. 231) ein bisher erfolgloser Versuch betrieben wird. Sie sind mit dem Kronkalenberger Gange in Verbindung zu denken, worauf die Halden in der Nähe der Bergstadt Zellerfeld Nr. 2 liegen und welcher in der Nähe des Hauszeller Schachtes Nr. 191 dem Zellerfelder Hauptgang zusetzt. In der Tiefe der tiefen Wasserstrecke ist er abendwärts von dem Treuer Schachte (Nr. 190) wieder getroffen, dem westlichen Einfallen der Durchschnittslinie beider Gang-Ebenen entsprechend.

3) Nördlich, beiläufig 500 Lachter im Liegenden, von dem ersten Hauptgangzuge läuft ein zweiter minder wichtiger hindurch, in welchem der Hausherzberger Zug durch die Punkte Nr. 147 und 148 mit dem Spiegel- und Hüttschenthaler in Verbindung zu denken ist. Derselbe hat beiläufig dasselbe Streichen wie der erst genannte Hauptzug, und es ist wohl der Bemerkung werth, dass er sich conform mit dem Burgstädter Zuge östlich wendet und gleichsam eine concentrische Cürve mit diesem bildet. Der Spiegelthaler Zug wird von dem, auf dem Zellerfelder Hauptzuge belegenen Samueler Schachte Nr. 170 ab, gegen Norden getriebenen Flügel des Tiefen-Georgstollens überschnitten, welcher

4) den Bockswieser Zug gelöst hat, der gegen 1000 Lachter weiter im Liegenden aufsetzt und in seiner Verlängerung mit dem Festenburger und Schulenberger Zuge eine dritte Gangparallele bildet, wenn wir uns dieses Ausdrucks bei nicht völlig gleichlaufenden Ganglinien bedienen dürfen.

5) Etwa noch 800 Lachter weiter nordlich vom Bockswieser Zuge setzen die Hahnenkleer Gänge

auf, welche, mit den Lautenthaler im Zusammenhange gedacht, den äussersten nördlichen Gangstrich, der auf der Karte verzeichnet worden, bilden. Weiter nördlich sind noch einige Gänge bekannt, die jedoch wenig erforscht und zum Theil auch einem anderen Landesgebiete angehören, wie die unweit Welfshagen vor dem Grünstein-Gebirge aufsetzenden.

6) Südlich vor dem westlichen Theile des unter Nr. 1 bezeichneten Gangzuges liegt das Rosenhöfer Gangrevier, welches sich mehrfach gegen Westen verzweigt, während seine Gänge, die zwischen Stunde 7 bis 11 streichen, gegen Osten zum Theil einem Hauptgange, dem Thurmhöfer, zulaufen, welcher dieses Gangrevier südlich begränzt und weiter östlich mit dem Rosenbuscher zusammen zu fallen scheint, der im Felde der Grube Caroline den Burgstädter Hauptzug berührt. Der den Rosenhöfer Zug nördlich begränzende Hauptgang der hintern Alteseegner scheint, indem er sich, wie das Neujahrer Suchort (Nr. 253) zeigt, nordöstlich wendet, schon früher dem Burgstädter Zuge zuzulaufen. Als westliche Fortsetzung dieses Zuges sind die im Einersberge bekannten Gänge anzusprechen, worauf die Versuch-Arbeiten Nr. 223, 224, 220, 219 unternommen worden.

7) Weiter südlich, etwa 380 Lachter vom Rosenhöfer entfernt, liegt der Silbernaaler Gangzug vor, der vorzugsweise bis jetzt in einem Hauptgange bekannt ist, welcher 10 bis 15 Lachter Mächtigkeit hat. Ausser einem schwachen abgesonderten hangenden Trümmchen sind bis jetzt mehre zusetzende Gänge bekannt, deren Felderstreckung jedoch noch nicht vollständig ermittelt ist. Das Generalstreichen des Zuges ist Stunde 8. 3. Der Hauptpunkt, wo er bebaut wird, ist die Grube Bergwerks-Wohlfahrt, in deren Feld der Medingsschacht als Richtschacht Nr. 205 niedergebracht worden ist.

Westlich von diesem Punkte ist er bis in die Nähe der Bergstadt Grund durch Schürfe und andere Versuche verfolgt, und östlich bis in die Nähe des Grünsteinlagers längs dem Hangenden des Burgstädter Zuges. Die letzte entschiedene Spur davon ist in letzterer Richtung in dem Kronkalenberger Orte Nr. 56 a bei Nr. 59 getroffen, wenn nicht noch der, schon in der Grünsteingränze am Polsterberge belegene Schacht Königin Anne (Nr. 79), worin ein Gang mit Schwerspath ansteht, hierher bezogen werden kann, so wie die mit dem Hutthäler neuen Wasserlaufe überfahrenen Trümer.

8) Von den weiter im Hangenden des Burgstädter und des Rosenhöfer Zuges bekannten wenigen Gängen, sind besonders noch der Isakstanner und der Laubhütter Stollengang zu bemerken. Der erstere setzt in der Nähe des tiefen Georgstollenmundlochs auf, und sind darauf die Punkte Nr. 238 d und die im Hangenden der Georgstollenlinie angegebenen Schürfe zu beziehen; desgleichen der bei Nr. 17 b mit dem Johannesthaler Wasserlaufe überfahrene Gang. Wahrscheinlich sind die Gänge der Grube Hülfegottes (Nr. 238 e) westlich der Bergstadt Grund, mit dem Isakstanner Gange in Verbindung; ob auch die Schwerspathkuppe des Restbergs (Nr. 238 g) und die Schwerspath-Einlagerung der Gitteldschen Trift (Nr. 238 k), beide schon im Gebiete des Zechsteins, damit zusammenhängen, bedarf noch näherer Untersuchung und ist in Ansehung des letzten Punktes weniger wahrscheinlich. Der Laubhütter Stollengang ist durch diesen Stollen von Laubhütte her untersucht und auch weiter durch die Schürfe Nr. 3 am Brandhay und Kaltenborn, ferner am Paulwasser bekannt und ohne Zweifel bei Nr. 17 a durch den Flambacher Wasserlauf überfahren. Bemerkenswerth ist es noch, dass ausser der Grube Sülbskappe Nr. 4 die weiter südlich vorliegenden Versuche, — wie der Hoffnungs-Gottes-Stollen und Alber-

tine (Nr. 5 und 6) bei der Neuen-Mühle und die alten Oerter Nr. 10 und 11; desgleichen die Versuche Güte des Herrn Nr. 12, Goldner Löwe Nr. 13, König Carl Nr. 14 und Antoinette Nr. 17, — sämmtlich zweifelhaft lassen, ob sie auf eigentlichen Gängen liegen, da das Streichen der Lagerstätten dem der Schichtung des Gebirgsgesteins Stunde 3—5 sich mehr und mehr nähert.

§. 5.

Eisensteins-Lagerstätten.

In dieser Streichungslinie liegen auch die an den Grünstein gebundenen Eisensteins-Lagerstätten von Lerbach bis über Altenau hinaus, die, wenn sich auch ihre noch zweifelhafte etwas transversale Lage gegen das Hauptstreichen des Grünstein-Zugs bestätigt, doch wohl, wegen ihrer im Ganzen conformen Lage mit den verschiedenen Schichten oder Absonderungen des Grünsteingebirges, nicht als Gänge anzusprechen sind. Sie bestehen aus Rotheisenstein nur an einzelnen Punkten, aus unreinem Spatheisenstein mit Kalkspath, oft mit Jaspis und Eisenkiesel in Verbindung. Ein anderes höchst merkwürdiges Eisensteins-Vorkommen ist das am Iberge bei Grund, wo besonders Braun- und Spatheisenstein auf gangartigen Butzen oder kleinen Stöcken gewonnen werden.

§. 6.

Nähere Erklärung der Verhältnisse der Blei-Erzgänge mit Hinweisung auf die Karte.

Wir beginnen diese nähere Erklärung mit dem nördlichsten Gangzuge und schreiten von diesem zu den weiter und weiter südlich vorliegenden Gängen fort.

I. Lautenthaler und Hahnenkleer Zug.

Werden diese beiden Gangzüge in Zusammenhang gedacht: so ergiebt sich ein Gangzug, welcher im Bromberg westlich beginnt, durch das Thal der Innerst in den Kranichsberg setzt, und durch den Hahnenkleer Berg und das Grane-Thal nach dem Todtenmanns-Kopfe fortläuft, dessen westliches sowohl als östliches Ende aber noch nicht genau ermittelt worden. Es ist dies demnach ein Gangzug, der gegen 3000 Lachter lang seinem Hauptstreichen nach bekannt ist. Die Gänge des Lautenthaler Zuges sind in der Sohle des tiefen Sachsen-Stollens (984′ über dem Meere) verzeichnet. Die des Hahnenkleer Zuges in der Sohle des Hahnenkleer Stollens. Das Mundloch des ersteren ist mit Nr. 5 bezeichnet; das des letzteren mit Nr. 41. Man hat darin unterschieden:

1) den **Brombergs-Glücker-Gang**, worauf der Bromberger Schacht (Nr. 1) gelegen. Er streicht Stunde 8. 1. Or., fällt 62° südlich und soll 26 Lachter mächtig gewesen seyn, jedoch vom Scharungspunkte mit dem Gange von Güte des Herrn in der Nähe des Gegentrummer Schachts (Nr. 2) abendwärts taub und faul mit Thonschieferfüllung.

2) Der **Gang von Güte des Herrn**, der sich bei Nr. 2 mit dem Bromberger vereinigt, streicht Stunde 9. 2. Or., fällt 68° südlich und ist 7 bis 10 Lachter mächtig. Er setzt durch das Innerstthal in den Kranichsberg. Auf ihm liegt der Schacht von **Güte des Herrn** (Nr. 6) und der Abensterner Schacht (Nr. 8). Er schaart sich unweit des Maassener Treibschachts (Nr. 9) vom Liegenden her mit dem **Lautenthals-Glücker**-Gange.

3) Dieser letztere streicht Stunde 8. 1. Or., und fällt unter 71° südlich. In der Vereinigung mit dem Gange von Güte des Herrn ist er bis 30 Lachter mächtig. Abendwärts vom Scharungspunkte ist er nur in der

Tiefe getroffen. Es liegt auf ihm der Massener Treibschacht (Nr. 9) und der Maassener Kunstschacht (Nr. 10).

4) Der alte Bergsterner Gang, worauf der Stollen Nr. 13 liegt, und

5) Der Leopolder Gang, welcher Stunde 9. 4. Or. streicht und worauf der Stollen Nr. 14 und der neue Bergsterner Schacht (Nr. 15) getrieben, sind im Liegenden des Hauptgangzugs bekannte Gänge, die demselben zulaufen.

6) Der Hauptgang setzt fort in dem Kleinen St. Jacob, worauf der Jacober Schacht (Nr. 12) liegt. Er streicht Stunde 7. 4. Or., und der Lautenthals-Glücker-Gang setzt bei dem Schwarzgrubener Schachte (Nr. 11) aus dem Liegenden an ihn heran. Werden die Punkte Nr. 20 und 20* auf ihn bezogen, so lässt sich annehmen, dass er mit

7) dem Lautenthaler Hoffnungsgange, worauf das erste Lichtloch des Lautenthaler Hoffnungsstollens Nr. 21 liegt, unweit der Lehnschaft: Auguster Suchstollen (Nr. 23) zusammenlaufen werde, und alsdann mit diesem weiter östlich das liegende Hahnenkleer Trumm bilde.

Als hangende Trümmer des Lautenthaler Zuges im engeren Sinne sind noch zu bemerken: der mit dem Querschlage von der 10ten Strecke von der Güte des Herrn ab (Nr. 24) getroffene Gang, so wie der bei Nr. 30 im Felde des Kleinen St. Jacob gen Südosten ins Hangende ablaufende.

Bleiben wir zunächst noch bei dem Lautenthaler Gangzuge im engeren Sinne stehen: so müssen wir eine Hauptgangmasse annehmen, welche mit ihrem nördlich gerichteten Ausgehenden mit ziemlich unbestimmter Begränzung den nördlichen Einhang des Kranichsberges mit einer gegen Norden convexen Curve umzieht. Das Fallen gegen Süden geht in den Berg hinein. In dieser

Hauptgangmasse liegen die einzelnen Gänge, welche als Güte des Herrner, Lautenthal-Glücker und St. Jacober unterschieden werden und deren Richtungen auf der Karte speciell angegeben sind. Dabei tritt das Verhältniss ein, dass das eine Trumm im Liegenden der Gangmasse beginnt, während das andere noch im Hangenden fortsetzt, wodurch hangende und liegende Trümmer sich bilden.

8) Das liegende Hahnenkleer Trumm, worauf der Schacht der Beständigkeit (Nr. 35) und der Theodorer liegende Gesammtschacht (Nr. 36) abgesunken, wäre also, wie schon bemerkt, als eine Fortsetzung des mit dem St. Jacober Gange vereinigten Lautenthaler Hoffnungs-Ganges (Nr. 32) zu betrachten. Bei Hahnenklee haben die Gruben Beständigkeit (Nr. 47) und Theodora (Nr. 48), ferner noch unweit Lautenthal Wilhelmine Eleonore (Nr. 33) und Dorothea Friederike (Nr. 34) auf ihm gebaut.

9) Der Hahnenkleer hangende Gang streicht Stunde 6. 1. und fällt unter 78°. Im Granethale ist darauf der Hahnenkleer Stollen (Nr. 41) angesetzt und der Theodorer hangende Gesammtschacht (Nr. 37), der Aufrichtigkeiter Schacht (Nr. 38) und der Philippine Charlotter Schacht (Nr. 39) sind darauf abgesunken. Er schart sich gegen Morgen mit dem Lautenthaler Hoffnungsgange in der Gegend, wo die Grube Philippine Charlotte (Nr. 39) früher gebaut hat. Ausserdem ist er

10) durch das Hahnenkleer mittlere Trumm mit dem Lautenthaler Hoffnungsgange verbunden. Dieses Trumm streicht Stunde 7. 6. Or. und zersplittert sich in der Nähe der Gänge, zwischen welchen es liegt. Es ist selbst beinahe auf seine ganze Länge von 120 Lachtern edel, und der hangende Gang ist vorzüglich da edel, wo dieses Trumm zu ihm herankommt. Als ein quer übersetzender Gang ist

11) der Johann Georger Gang (Nr. 42) zu bemerken, welcher Stunde 9. 2. Or. streicht. Ein ähnlich streichender Gang ist

12) der des Königin Charlotter Suchstollens (Nr. 43).

13) Weiter im Hangenden ist mit dem Hahnenkleer Stollenflügelorte (Nr. 44) der Morgenröther Gang überfahren, worauf der Morgenröther Schacht (Nr. 45) und der Bau-Cassen-Glück- und Louise Amalier Gesammt-Schacht (Nr. 46) gelegen haben.

Der Hahnenkleer Zug ist gegenwärtig gänzlich eingestellt und sind jetzt sämmtliche Gänge vom Kleinen St. Jacob ab unbebaut. Dass er gegen Osten hinter dem Bocksberge noch weiter fortsetzt, war sonst in dem nach Goslar führenden Wege ersichtlich, und wahrscheinlich liegt auch der Versuch im Schleifsteinsthale, der sich jedoch nicht auf unserer Karte verzeichnet findet, noch darauf.

II. Bockswieser-Festenburger und Schulenberger Gangzug.

Allerdings ist der unmittelbare Zusammenhang der Bockswieser Gänge mit den Festenburger und Schulenberger noch nicht nachgewiesen, aber er lässt sich als höchst wahrscheinlich annehmen.

a. Der Bockswieser Zug liegt 600 Lachter südlich vom Lautenthaler, mit dem er in seinem westlichen Theile, insbesondere wenn der mit dem Hellthaler Versuchstollen (Nr. 58 a) überfahrene Gang a′ a′ als Fortsetzung des Auguster Ganges darauf bezogen wird, ziemlich parallel läuft; weiter östlich wendet sich die Richtung etwas südlich. Zwischen dem eben bezeichneten westlichen Anfange des Bockswieser Zuges und dem Grumbacher Stollen-Mundloche Nr. 58 ist keine Verbindung der mit dem vorhin genannten Versuchsstollen Nr. 58 a überfahrenen Gänge nachgewiesen.

Durch die in der Nähe des Bergorts Bockswiese betriebenen Grubenbaue sind als Hauptgänge bekannt und bebaut:

1) Der Pisthalergang, worauf der Erbtiefster Kunstschacht Nr. 62, der Anton Ullricher Schacht Nr. 66, der neue Zellerfelder Gesammt-Schacht Nr. 67 und der Zellerfelder Hoffnungs-Schacht Nr. 69 liegen oder gelegen haben.

2) Der Herzog Auguster Gang, worauf der Auguster Schacht Nr. 61 und der Johann Friedricher Nr. 60 liegen. Ob der vom Hauswolfenbüttler Schachte (Nr. 68) ab ins Liegende getriebene Querschlag bei Nr. 68 a den Auguster Gang überschnitten hat, ist zweifelhaft, da dieser in derselben Sohle, der des Grumbacher Stollens, weiter im Liegenden beim Steinernen Lichtloche (Nr. 57) durchsetzen müsste.

Ausserdem sind bekannt und zum Theil bebaut im Liegenden der eben genannten Gänge:

3) Der Alte Gesellschafter und Braunehirscher Gang (Nr. 51 und 52).

4) Der Christian Sophier Gang (Nr. 53).

5) Der Alte Gesellschafter und Stadtbraunschweiger Nr. 54, 55 und 56, auch Georg Wilhelmer Gang genannt, Nr. 57.

Diese Gänge sind nicht nur durch die bezeichneten Schächte bekannt, sondern auch durch das Lautenthaler Hoffnungsstollen-Wasserort ins Liegende (Nr. 64). Im Hangenden der Hauptgänge ist zu bemerken:

6) Das hangende Trumm (Nr. 60 a), worauf wahrscheinlich auch der alte Prinzessin-Schacht Nr. 75, so wie der Grünelindner Schacht Nr. 76 und der Suchstollen Nr. 77 gelegen haben. Dieser Gang ist auch in der Grumbacher Stollensohle im Zellerfelder-Hoffnunger Felde (Nr. 85) mit

einem hangenden Querschlage, vom Schachte der Zellerfelder Hoffnung (Nr. 69) ab, überfahren; desgleichen als hangendes Trumm mit dem hangenden Querschlage des Hoffnungsstollens vom Johann Friedricher Schachte (Nr. 60) ab und bei Nr. 60 a mit dem tiefen Stollen-Flügelorte. Es ist also in Ansehung dieses Ganges zur Verständlichkeit der Karte zu bemerken, dass er in drei verschiedenen Sohlen verzeichnet worden ist, und darf überall nicht unbeachtet bleiben, dass zur Darstellung des Bockswieser Zuges sowohl die durch den Grumbacher und Hoffnungs-Stollen, als auch die durch den Georg-Stollen erlangten Aufschlüsse benutzt worden sind. Das Streichen dieses Ganges ist Stunde 8. 3. Or., und wird er sich bei seiner Fortsetzung nach Morgen mit dem Pisthaler Gange in der Gegend des mittleren Kellerhalser Teichs scharen. Der Gang ist von dem erwähnten Hoffnungsstollen-Querschlage gegen Morgen e d e l ausgerichtet.

7) Noch weiter im Hangenden sind auf dem Tannhai und am Eselsberge noch einige Gänge erschürft, wozu die D r e i b ä r e n - Gänge Nr. 78 gehören, welche auch zum Theil mit dem Bockswieser tiefen Georg-Stollenflügel überfahren worden sind, sich indessen bis jetzt nicht edel gezeigt haben. Die Dreibären-Gänge haben am Tage Spatheisenstein und Braunspath geführt.

b. D e r F e s t e n b u r g e r - S c h u l e n b e r g e r G a n g z u g. Allerdings würden die Bockswieser Gänge in ihrer Richtung nach Osten mit dem Schulenberger Gang zusammentreffen und man kann wohl sagen, dass beide Gangzüge in einer Hauptstreichungslinie aufsetzen, obgleich noch nicht bestimmt nachgewiesen ist, dass sie Fortsetzungen von einander sind. Lägen die Pingen

Nr. 88 wirklich auf Gängen, wie wohl angenommen worden ist: so wäre die Verbindung beider Gangzüge sehr wahrscheinlich. Die Darstellung auf der Karte bezieht sich bei diesem Gangzuge auf den Schulenberger Stollen. Es sind darin zu unterscheiden:

1) Der Festenburger Gang, welcher am weitesten abendwärts durch den Königin Elisabether Schacht (Nr. 89) bekannt ist; weiter gegen Morgen ist er 730 Lachter lang, bis dahin wo der Urbaner Gang (Nr. 94 a) zu ihm hinzukommt, aufgeschlossen. Er streicht Stunde 8. 5. Or., fällt unter 68° gegen Mittag und ist 3 bis 8 Lachter mächtig. Auf ihm liegen, ausser dem genannten Elisabether Schachte, die Schächte der verlassenen Gruben Weisser Schwaan (Nr. 90) und Kronenburgsglück (Nr. 91).
2) Der Schulenbergs-Glücker Gang (Nr. 92) setzt von Morgen her, 30 Lachter abendwärts vom Weissen Schwaaner Schachte, dem Festenburger Gang zu und ist 80 Lachter lang durch die längst eingestellte Grube, wovon er den Namen führt, untersucht. Er streicht Stunde 9. 3. Or., und fällt unter 78°.
3) Der St. Urbaner Gang, worauf der Schacht Nr. 94 liegt, setzt aus dem Liegenden von Morgen her, in Stunde 7. 7. Or., mit 71° Fallen, in der Nähe des Festenburger Stollen-Mundlochs Nr. 93 dem Festenburger Gange zu; er ist 130 Lachter lang aufgeschlossen und wird nach der gewöhnlichen Annahme morgenwärts durch den Glücksräder Gang abgehoben. Seine Mächtigkeit beträgt 8 bis 10 Lachter. Er führt festen Quarz und Kalkspath und ist nach seiner ganzen Erstrekkung edel gewesen.
4) Der Alte Glücksräder Gang, wonach der alte Tagesstollen Nr. 94 gerichtet ist, — streicht

Stunde 10. 5. Or. Ob er einer Seits vom Urbaner, anderer Seits vom Schulenberger Gange abgeschnitten wird, oder in seiner, gegen die übrigen Gänge transversalen, Richtung weiter ins Feld setzt, ist nicht ermittelt. Als wahrscheinlich dürfte es indessen anzunehmen seyn, dass er in Verbindung mit dem Urbaner Gange nur ein, den Schulenberger und Festenburger Gang verbindendes, Bogentrumm sey.

5) Der Schulenberger Gang würde alsdann nur als die Fortsetzung des Festenburger zu betrachten seyn. Auf ihm liegen der Glücksräder Schacht (Nr. 97), der Gelbe Lilier (Nr. 98), der Gnade Gotteser (Nr. 99) und der Prinzer Schacht (Nr. 102). Er setzt mit dem Streichen St. 8. 1. Or., am südlichen Einhange des Schulenberges durch und ist 750 Lachter lang bis in das Feld der Grube Juliane Sophie (Nr. 110) bekannt, deren liegendes Trumm er bildet.

6) Im Liegenden des Festenburger Ganges setzt zu diesem noch von Abend her der Neue Gang heran, der Stunde 8. 2. Or. streicht und von der Grube Neue Gelbe Lilie ab, bei Nr. 97, bebaut worden ist, aber seines festen Quarzes wegen keinen Ertrag gegeben hat, obgleich er neben Bleiglanz und weissem Bleierz, Kupferkies, Malachit und Kupferschwärze führt.

7) Auf dem Julianer Schachtgange liegt der Schacht Nr. 103. Derselbe schart sich in der Nähe des Prinzer Schachts Nr. 102 mit dem Schulenberger Hauptgange, dem er aus dem Hangenden mit dem Streichen St. 8. 4. Or. zusetzt. Er läuft dem Julianer Thale am Schulenberge entlang durch das weisse Wasser nach dem Schreiberthale, wo der

Herzog August Wilhelmer Suchstollen (Nr. 107) auf ihm getrieben worden.

8) Dem eben genannten Julianer Schachttrume setzt ferner von Morgen her aus dem Hangenden zu, der Neue Schulenbergsglücker Gang, worauf der Schacht Nr. 104 und der August Wilhelm (Nr. 105) gelegen. Dieser feste Bleiglanz und Kupferkies führende Quarzgang streicht St. 11. 2. Or.

9) Der Julianer edle Gang setzt noch weiter morgenwärts dem Julianer Schachtgange aus dem Hangenden zu. Er schart damit in der Nähe des Schachts Nr. 103 und führt ein 40 Lachter langes Erzmittel; seine Gangart ist gleichfalls vorwaltend Quarz.

Im Hangenden des eben beschriebenen Gangzuges sind noch zu bemerken: der Prinz Adolph Friedrich, Nr. 110, und Seegen des Herrn am Märtensthale, Nr. 111.

III. Hütschenthaler-Spiegelthaler-Hausherzberger Gangzug.

Dieser Gangzug, in St. 7. 7. Or. streichend, setzt 900 bis 1000 Lachter im Hangenden des Bockswieser Zuges und 5—900 Lachter im Liegenden des Zellerfelder Hauptzugs und des Burgstädter Zugs auf. Sämmtliche Grubenbaue darauf sind längst, bis auf die vom Spiegelthaler Hoffnungsschachte ab in neuerer Zeit unternommenen Versuche, eingestellt.

a. Der Hütschenthaler Zug ist der westliche Theil dieses Hauptgangzuges. Er beginnt im Steimkerberge, durchsetzt das Hütschenthal und die Innerst, läuft mit der zweiten Krümmung derselben unterhalb Wildemann fort und durchsetzt den Fluss, nach dem Spiegelthale zu, wiederholt; er ist durch den Hütschenthaler Stollen aufgeschlossen und in dessen Niveau auf der

Karte verzeichnet. Es sind auf diesem Zuge unterschieden worden:

1) Der Neue Fundgruben-Gang, worauf der Baumgartner Schacht Nr. 120, der Schacht Glückauf Nr. 121 und Neue Fundgrube Nr. 122 gelegen haben. Sein Streichen ist St. 8. $7\frac{1}{4}$. Or. Er hat nicht unbedeutend Schwerspath geführt und ist überhaupt 570 Lachter lang aufgeschlossen.

2) Diesem im Hangenden setzt der Alte Fundgrübner Gang (Nr. 124) aus Morgen im Streichen St. 10. 5. Or. heran und wird bei dem neuen Fundgrübner Schachte ihm zuscharen.

3) Der Glücksgarten-Gang, worauf die Schächte Friedrich Wilhelm Nr. 127 und Glücksgarten Nr. 128 gelegen, durchsetzt mit dem Streichen St. 11. 4. Or. den neuen Fundgrübner Gang, und eben so den Hütschenthals-Glücker, worauf der Schacht Nr. 129 gelegen, zwischen welchen beiden er wahrscheinlich nur ein, beide verbindendes, Quertrum bildet.

4) Der Hütschenthals-Glücker Gang, welcher im Hangenden des neuen Fundgrübner fortsetzen würde, wird, wie gesagt, durch den Glücksgartner damit verbunden; er streicht St. 7. $4\frac{1}{4}$. Or. mit dem Innerstthale nach Morgen, von dem Scharungspunkte mit dem Glücksgartner ab. Auf ihm haben die Schächte von Hütschenthals-Glück (Nr. 129) und Neue Weintraube gelegen.

5) Der Alte Weintrauber Gang setzt im Liegenden auf, streicht St. 8. 4. Or. und ist durch den alten Weintrauber Stollen (Nr. 125) und den alten Weintrauber Schacht (Nr. 126) bezeichnet.

b. Der Spiegelthaler Zug beginnt an dem östlichen Ufer der Innerst im Spiegelthale, wo der alte Weintrauber Gang mit dem Hütschenthalsglücker zusammenläuft und der Himmlisch-Heerzugs-Stollen (Nr. 131) angesetzt ist; von da ab bleibt

1) Der Spiegelthaler hangende Gang in seinem Streichen über 1000 Lachter gegen Morgen St. 7. $7\frac{1}{4}$. Or. constant. Auf ihm haben gelegen: Güldener Becher (Nr. 132), Siebengestirn (Nr. 134), Silberner Mond (Nr. 135), Kleeblatt (Nr. 136). Unweit der Frische-Steiger-Schächte (Nr. 137) wendet er sich mit seinem Streichen in St. 8. $3\frac{1}{4}$. Or., nachdem

2) der Spiegelthaler liegende Gang von ihm abgelaufen ist, worauf Frische-Steiger liegender Bau (Nr. 137), Güldne Sonne (Nr. 138) und Redens-Glück (Nr. 139) gelegen haben. Als ein hangendes Trum davon ist:

3) der Friedrich Wilhelmer Gang anzusehen, worauf Friederike Philippine (Nr. 140), alte güldne Sonne (Nr. 141), so wie der verlegte Friedrich Wilhelm (Nr. 142 a) gebaut haben und worauf auch der Schacht Spiegelthals-Hoffnung (Nr. 142 b) als Richtschacht steht, welcher in neuerer Zeit als Lichtschacht, behuf des Durchtriebs des tiefen Georgstollens vom Zellerfelder Hauptzuge nach der Bockswiese, abgesunken worden ist.

Mit den letztgenannten Stollen sind mehre Gänge überfahren, die jedoch noch nicht mit Bestimmtheit auf die früher bebauten zu beziehen sind, wovon noch anzuführen ist:

4) Der Engler Gang, worauf der Engler Schacht (Nr. 143), das Christianer Ort (Nr. 144) und das Spiegelthals-Glücker Ort belegen sind. Derselbe streicht St. 5. $6\frac{1}{2}$. Or., und ist wahrscheinlich nur als ein Quergang zwischen dem Spiegelthaler und dem Buschseegner Gange zu betrach-

ten, so dass er weder nach Norden noch nach Süden über deren Streichungslinie fortsetzt.

5) Der Buschseegener Gang ist durch den Stollen (Nr. 146) aufgeschlossen und auf ihm liegen Hülfe Gottes zu Neumark (Nr. 147) und der Buschseegener Schacht (Nr. 148). Wenn Haus-Wolfenbüttel (Nr. 149) noch auf diesem Gange zu beziehen wäre: so würde dadurch die Verbindung des Spiegelthaler und Hausherzberger Zuges vermittelt seyn. Die Spiegelthaler Gänge führen indessen nicht ungewöhnlich Spatheisenstein, wovon die Halden der Hausherzberger Gruben weniger Spuren zeigen.

c. Der Hausherzberger Zug besteht aus zwei liegenden Gängen, wovon

1) der, auf welchem der grosse Christoph (Nr. 258) und weisse Taube (Nr. 259) gebaut haben, als Fortsetzung des Buschseegener Ganges angesprochen werden kann; während

2) der andere, worauf der Prinzessin Christianer Schacht (Nr. 260), Prinz Carl (Nr. 261), Prinz August (Nr. 262) und die Hausherzberger Fundgruben-Schächte (Nr. 263), so wie der Langer Stollen (Nr. 264) gelegen sind, so vor ihm durchsetzt, dass er sich an dessen Liegendem abhebt, oder mit ihm schart.

3) Weiter im Hangenden setzt noch der August Friedricher und Friedrich Wilhelmer Gang bei Nr. 265 und 266 durch, welcher auch mit dem vom Kronkalenberger Gange herangetriebenen Frankenscharner Stollen-Flügelorte (Nr. 267) überschnitten worden. Dieser Gang scheint nach seinem Streichen selbstständig und wenigstens nicht mit den Hausherzberger beiden Hauptgängen in Verbindung zu stehen. In seiner Fortsetzung nach

Abend müsste er dem Zellerfelder Hauptzuge in der Gegend des Bleifelder Schachts (Nr. 172) zusetzen.

IV. Burgstädter und Zellerfelder Hauptzug.

a. Der Zellerfelder Hauptzug ist in der Dreizehnlachter-Stollensohle verzeichnet. Beginnen wir die Auffassung dieses Zuges abermals an der Innerst, an seinem westlichen bebauten Ende bei Wildemann, so ist wohl anzunehmen, dass er sich hier aus zwei zusammenlaufenden Gängen bildet, wovon der eine aus dem Hütschenthale her zusetzt, der andere aber von Grund herauf durch den Spitzigen-Berg herankommt. Doch wir wenden uns zur Aufzählung der einzelnen Gänge:

1) Der Dreizehn-Lachter-Stollen-Gang ist, vom Mundloche (Nr. 150) dieses Stollens ab, 145 Lachter nach Morgen durch den Gallenberg hindurch aufgeschlossen. Er streicht in der St. 8. 5½. Or. und fällt 76°. Seine Mächtigkeit beträgt 1 bis 1½ Lachter und er führt Kalkspath und Schwerspath, aber keine Erze.

2) Der Hausditfurter Gang, worauf die Gruben Anne Juliane (Nr. 151), Haus-Ditfurt (Nr. 154), Deutscher Wildemann (Nr. 155) nnd Weisses Ross (Nr. 156) gebaut haben, streicht St. 9. 1¾. Or. und schneidet demnach den Stollengang der Richtung nach, jedoch sind beide, ihren Gangarten nach, doch wohl Fortsetzung von einander.

3) Der Charlotter Gang, welchem der Hausditfurter (bei Nr. 157) zuläuft, streicht St. 6. 6. Or., fällt 68° und kommt durch den Teufelsberg, den Spitzigenberg und den Hohenberg, wo die Versuche Nr. 227 und 228 darauf liegen, nach dem Sonnenglanze, wo das Haus-Praun und Redens-

glück (Nr. 230) darauf gebaut haben, vom Iberge heran. Das Spitzenberger Ort (Nr. 226) wird ihn demnächst querschlägig erreichen.

Nach Morgen vom Scharungspunkte mit dem Hausditfurter Gange ist er 310 Lachter lang aufgeschlossen, bis der Neue St. Joachimer Gang an ihm heransetzt und er, mit diesem vereinigt, eine 15 bis 18 Lachter mächtige Gangmasse bildet, der sich als hangendes festes Erztrum an ihm fortschleppt, während der schneidige Charlotter Gang das liegende Trum bildet. Es zeigt sich also auch hier das schon beim Lautenthaler Gangzuge bemerkte Verhalten, dass hangende Erztrümer gegen Abend fortsetzen, während sich neue im Liegenden dahinter anlegen. Auf dem Charlotter Gange haben die Grube Dorothea Friederike und die Grube Charlotte gelegen, wozu der Sonnenglanzer und Friederiker Schacht (Nr. 158), der Charlotter Schacht (Nr. 159) und der alte Charlotter Schacht und Stollen (Nr. 160) gehörten.

4) Der schon erwähnte St. Joachimer Gang setzt von dem Scharungspunkte mit dem Charlotter Gange in St. 8. $7\frac{1}{4}$. Or. nach Morgen fort, fällt unter 65° und ist 3 bis 5 Lachter mächtig. Seine Gangart ist Kalkspath und Quarz neben Thonschiefer. Der Schwerspath, welcher an der Ausfüllung der erwähnten weiter westlich aufsetzenden Gänge wesentlich Theil nimmt, tritt zurück. Er setzt 220 Lachter lang bis zum Priester-Aroner Gang fort. Gebaut hat auf ihm die Grube Nener St. Joachim (Nr. 193) und der Haus-Sachsener Schacht (Nr. 163) liegt darauf. Ein hangendes Trumm läuft in der Mitte seiner Erstreckung abendwärts davon ab.

5) Der Priester-Aroner Gang legt sich in der Nähe des Wasserbrunner inwendigen Kunstschachts (Nr. 164) mit dem Streichen St. 7. $5\frac{1}{4}$. Or. vor

den St. Joachimer Gang und ist von dem Scharungspunkte etwa 20 Lachter gegen Abend untersucht; gegen Morgen tritt er in 350 Lachter Entfernung von erstgenanntem Scharungspunkte zwischen den St. Joachimer (Nr. 175) und Bleifelder (Nr. 172) Schächten mit dem vorderen Hauptzüger Gang in Verbindung. Er ist 15 bis 20 Lachter mächtig und im Liegenden, wo wahrscheinlich der Joachimer Gang mit ihm in Verbindung ist, ist er milde; im Hangenden fest. Ausser den gewöhnlichen Gangarten und dem Bleiglanze hat er Bleierde, Bleiglas und weisses Bleierz geführt. Die Erzführung, womit er sich nach seiner ganzen Ausdehnung erwiesen, bildet mehre Trümer. Gebaut haben auf ihm die Gruben Haus-Hannover und Braunschweig (Nr. 194) und Herzog August Friedrich Bleifeld (Nr. 195). Es liegen darauf der Wasserbrunner inwendige Schacht Nr. 164, der achte Maassener inwendige Kunstschacht Nr. 165 und der Samueler Schacht (Nr. 170).

6) Der Stuffenthals-Glücker Gang läuft vom Priester-Aroner Gang in der Nähe des 8ten Maassener inwendigen Schachtes nach Morgen ins Hangende ab, streicht St. 8. 6½. Or., fällt unter 65 bis 70° und ist 2 bis 3 Lachter mächtig. Gebaut hat auf ihm die Grube Haus-Hannover und Braunschweig und der St. Johanneser Schacht (Nr. 166), so wie der Samueler Kunstschacht (Nr. 168) liegen darauf.

7) Der Windgaipler Gang läuft weiter morgenwärts in St. 8. 7½. Or. gleichfalls vom Priester-Aroner Gang ins Hangende, wendet sich aber nachher in St. 7. 6½. Or. und läuft dadurch dem vorderen Hauptzüger Gange 50 Lachter morgenwärts vom St. Joachimer Kunstschachte (Nr. 175) von Abend

her zu. Er bildet demnach in dem Winkel, welchen der Aroner und der vordere Hauptzüger Gang mit einander machen, ein hangendes Bogentrumm. Er fällt unter 63° und ist 1 bis 2 Lachter mächtig. Die Grube Windgaipel und der Windgaipler Schacht Nr. 174 haben darauf gelegen. Das eben erwähnte Verhältniss hangender Bogentrümer zeigt sich mehrfach beim Zusammentreten zweier Gänge und dürfte um so mehr auf Spaltungsverhältnisse hinweisen, wenn damit verkehrtes Fallen verbunden ist.

8) Der vordere Hauptzüger Gang begränzt von Osten, in St. 8. $7\frac{1}{4}$. Or. herankommend, den Aroner Gang, wie schon angegeben worden, und setzt hinter demselben im Liegenden abendwärts fort, in welcher Richtung er 100 Lachter lang aufgeschlossen ist, und der Bleifelder Schacht (Nr. 172) auf ihm liegt. Er ist in dieser Richtung in oberen Teufen edel gewesen, und insbesondere hat die Grube Bleifeld bedeutende Erzbaue auf ablaufenden, dem Aroner Gange zusetzenden hangenden Quertrümern gehabt. Vom Scharungspunkte mit dem Aroner Gange setzt der vordere Hauptzüger Gang in der St. 8. $7\frac{1}{4}$. Or. bis in die Gegend des Rheinischweiner Schachts (Nr. 182) fort, wo er sich in die St. 9. $8\frac{1}{2}$. Or. wendet und in dieser bis zum Haus-Zeller Schachte (Nr. 191) fortläuft. Auf ihm haben gebaut und bauen zum Theil noch: die Gruben Herzog August Friedrich Bleifeld (Nr. 195), Regenbogen (Nr. 196), Ring und Silberschnur (Nr. 197), Treue, Haus-Zelle (Nr. 198), Alter St. Joachim und Gottes Glück. Von den darauf liegenden Schächten sind noch offen: der Jungfrauer (Nr. 177), die Schreibfeder (Nr. 178),

der schon genannte Rheinischweiner (Nr. 182), der Treuer (Nr. 190), welcher in neuerer Zeit unter dem tiefen Stollen wieder gelöst worden. Das Hangende des Ganges ist fest, das Liegende fast ohne Ausnahme milde, und schreibt man dies Verhältniss dem Umstande zu, dass der Aroner Gang sich an den Hauptzuger Gang anlege und mit ihm am Hangenden fortlaufe. Mit dem Hauptzuger Gange stehen noch zwei ins Hangende ablaufende oder daraus zusetzende Gänge in Verbindung, der Freudensteiner und der Ringer und Schwanenzugs-Glücker.

9) Der Freudensteiner Gang, worauf der Freudensteiner Schacht (Nr. 181) und die Grube Haus-Wolfenbüttel, wahrscheinlich auch der Wolfenbüttler Schacht (Nr. 185) gelegen haben, ist etwa 65 Lachter lang aufgeschlossen und würde, bei seiner Fortsetzung nach Abend, in der Nähe des Schreibfeder Schachts (Nr. 178) dem Hauptzuger Gange zusetzen.

10) Der Schwanenzugsglücker Gang setzt etwa 40 Lachter vom Treuer Schachte (Nr. 190) gegen Abend, mit dem Streichen St. 7. 7. Or. vom Hauptzuger Gange ab und wendet sich nachher als Ringer Gang, worauf der Ringer Schacht (Nr. 184) gelegen hat, in die St. 9. 1. und 9. 7. Or., so dass er abendwärts in der Gegend des Schreibfeder-Schachts (Nr. 178) dem Hauptzuger Gange wieder zulaufen muss und demnach, im Zusammenhange mit dem Freudensteiner Gange, ein hangendes Bogentrumm in dem stumpfen Winkel bildet, auf dessen Spitze, auf dem Hauptzuger Gange, der Rheinischweiner Schacht (Nr. 182) liegt. Die Mächtigkeit des Freudensteiner Trumms beträgt etwa 2 Lachter und sein Fallen 60°. Der

Ringer Gang ist weniger mächtig und fällt fast saiger. Durch diesen Umstand und den, dass die Fortsetzung des Ringer Ganges nach Abend ungewiss ist, wird übrigens die Annahme eines Bogentrums zweifelhaft. Vom Haus-Zeller Schachte (Nr. 191) ab setzt der feste Hauptzuger Gang in St. 10. 7¼. Or. ins Clausthaler Revier fort und bildet den Burgstädter Zug, indem

11) der Kron-Calenberger Gang aus dem Liegenden in St. 7. 5¼. Or. herankommt, welcher auch als eine Fortsetzung des milden Liegenden des Hauptzuger Ganges betrachtet werden könnte. Wegen des bedeutend flacheren Fallens des Hauptganges schart dieser liegende Kron-Calenberger Gang in der Tiefe erst weiter und weiter westlich an ersteren heran, so dass in der Sohle der tiefen Wasserstrecke, etwa 200 Lachter unter Tage, dieser Anscharungspunkt schon abendwärts vom Treuer Schachte (Nr. 190) liegt. In dieser Sohle ist er neuerlich in der Nähe dieses genannten Schachts edel getroffen.

In früherer Zeit hat im Clausthaler Bezirke die Grube Kron-Calenberg darauf gebaut, wovon der Kron-Calenberger und Herzoger Schacht (Nr. 2) herrührt; auch ist vorhin das St. Jacober Neunzehnlachter-Stollen-Feldort (Nr. 1) darauf getrieben und in neuerer Zeit ist er vom Lorenzer Schachte ab in der Sohle des tiefen Georgstollens mit dem Hausherzberger Orte (Nr. 10[1]) als ein mächtiger, mit mildem Thonschiefer gefüllter Gang überschnitten. Wahrscheinlich sind die Gänge der Grube Franz August (Nr. 231 und 232) im Mönchsthale, welche ein bisher erfolgloser Versuch ist, darauf zu beziehen, so wie auch die Versuche Seegen des Herrn (Nr. 11) am Dietrichsberge und die Silbergrube Nr. 8

und 9 unweit der Bergstadt Altenau und der Altenauer Silberhütte.

Im entfernteren Hangenden des Zellerfelder Hauptzugs sind keine Gänge bekannt, wenn nicht der am Hohenberge bei Wildemann (Nr. 230[1]) mit dem Neunzehnlachter-Stollen-Querschlage angefahrene dazu gerechnet wird, worauf wahrscheinlich auch das Spitzenberger Ort (Nr. 226) gerichtet gewesen. Denn die weiter vorliegenden Gänge im Einersberge und in der Bremerhöhe sind theils auf den Rosenhöfer Gangzug, theils aber auf Burgstädter Zug zu beziehen.

b. Burgstädter Zug. Er ist, wie schon gesagt, zunächst die östliche Fortsetzung des Zellerfelder Hauptzuger Ganges, welche

1) den Hauptgang bildet, worauf der Herzog Johann Friedricher Schacht (Nr. 3) und St. Lorenzer Schacht (Nr. 10) liegen. Er setzt bis zum Hausbraunschweiger Schachte in der St. 10. $2\frac{1}{2}$. fort und fällt 70°. Von diesem Schachte ab wendet er sich in St. 11. 4. und setzt mit einem Fallungswinkel von 70 bis 75° über die Schachtpunkte Nr. 12 (Dorothea Landes-Krone) und Nr. 13 (Charlotte und Gegentrumm) bis vor einen ihn ins Liegende werfenden milden Thonschiefer-Gang bei Nr. 13[1], welcher St. 6. 6. streicht und unter 84° nördlich fällt. Seine Mächtigkeit beträgt $3\frac{1}{2}$ Lachter, die Verwerfung über 30 Lachter; jedoch hat sich in der Tiefe dieses bedeutende Verwerfungs-Verhältniss anders gestaltet. Hinter dem Verwerfer läuft der Hauptgang weiter nach dem Englisch-Treuer (Nr. 14) und Wilhelmer Schachte (Nr. 15) und hinter dem letzteren noch in derselben Richtung bis zu dem übersetzenden Kranicher Gange in der Nähe des Eleonorer Schachtes (Nr. 24). Die Mächtigkeit dieses

Ganges beträgt beim Lorenzer Schachte auf dem Tiefen Stollen und der tiefen Wasserstrecke 5 Lachter und seine mittlere Mächtigkeit auf dem Dreizehn-Lachter-Stollen ist zu 4 bis 5 Lachter anzunehmen.

2) Der Josephater und Ursulaner Gang ist, im Hangenden des Hauptgangs, von dem Johann Friedricher Schachte (Nr. 3) bis zum Charlotter und Gegentrumer Schachte (Nr. 13) bekannt, und müsste in der Nähe des erwähnten milden Thonschiefer-Ganges dem Hauptgange nach Osten hin zusetzen. Nach Abend scheint er nicht wieder zum Hauptgange heran zu kommen, da er mit dem Ludewiger Neunzehn-Lachter-Stollen-Suchorte ins Hangende (Nr. 4) nicht getroffen worden ist.

Ueberfahren ist er übrigens in der Neunzehnlachter-Stollen-Sohle mit dem König David- und Schützen-Gesellschafter Suchorte ins Hangende (Nr. 6), vom Josuaer Schachte (Nr. 5) ab, und hat er vorzüglich Kupferkies geführt.

3) Kranicher Gang. Dieser wichtige Gang setzt, wie schon erwähnt, im Hangenden durch und es endigt davor der bisher beschriebene Theil des Hauptgangs. Abendwärts gestaltet er sich, in St. 9. streichend nnd unter 80° fallend, als ein hangendes Haupttrumm, auf welchem die Gruben Kranich (Nr. 25) und König Wilhelm (Nr. 26) bauen. Weiter abendwärts ist dieser Gang mit der tiefen Wasserstrecke bei Nr. 26[1] überfahren und es wird darauf noch jetzt ausgelängt. Gegen Morgen setzt er in derselben Stunde nach dem Eleonorer Schachte Nr. 24, nach dem Margarether Schachte Nr. 23, dem Christian Ludewig Nr. 22 und bis in die Nähe des St. Elisabether Schach-

tes (Nr. 21). Das General-Fallen des Kranicher Ganges ist zwischen dem St. Eleonorer und St. Elisabether Schacht 75—70°; 65 Lachter unter der Hängebank des St. Eleonorer Schachtes, auf dem Dreizehnlachter-Stollen, in diesem Schachte 32 Lachter unter Tage, ist dasselbe unter 72° verkehrt. Der Margarether Schacht ist vom Tage bis auf die Hundertfunfzehn-Lachter-Strecke auch verkehrt, doch aber beinahe senkrecht, auf dem Kranicher Gange niedergebracht, so dass dieser Schacht als der Endpunkt des verkehrten Fallens angenommen werden kann. Der Anfangspunkt des verkehrten Fallens vom Kranicher Gange, welcher westlich vom St. Eleonorer Schachte liegt, lässt sich nicht mit Sicherheit angeben, da die alten Baue gefüllt sind.

4) Der Sarepter Gang liegt dem Kranicher nahe im Hangenden; es haben darauf die Gruben Sarepta und Landes-Krone (Nr. 28) in geringer Tiefe gebaut.

5) Haus-Israeler Gang. Dieser läuft beim Wilhelmer Schachte von dem beschriebenen Theile des Hauptgangs in St. 8. 4. unter 65—70° fallend ins Liegende ab und bogenförmig über die Schachtpunkte Haus-Israel (Nr. 16), Sophie (Nr. 18), Catharine (Nr. 19) bis in die Nähe des St. Elisabether Schachtes (Nr. 21), wo er sich in oberer Teufe mit dem Kranicher ganz vereinigt und als Burgstädter Hauptgang nach Osten in das 2te und 1ste Revier fortsetzt, wie dies die Karte darstellt. In der Tiefe vereinigt sich das Stück des Hauptgangs, vom Wilhelmer Schachte (Nr. 15) bis zum Kranicher Gange, mit dem oben beschriebenen liegenden Bogengang, indem ersteres sich in seinem Streichen mehr und mehr öst-

lich wendet und saigerer als das liegende Trum fällt.

Der Scharungspunkt des Israeler oder liegenden Hauptganges mit dem Kranicher Gange zieht sich in der Tiefe weiter nach Westen, indem, wie schon gesagt, der Kranicher Gang zum Theil verkehrt fällt und überall der Haus-Israeler recht und flacher.

6) Der Hauptgang in den schon oben erwähnten beiden oberen Burgstädter Revieren streicht von dem Elisabether Schachte (Nr. 21) ab, mit dem Fallen von 70° in der St. 11. 3. nach dem Grünen-Hirschler (Nr. 44) und Bergmannstroster (Nr. 46) Schachte. An letzterem Punkte wendet er sich in St. 10. mit 76° Fallen und setzt damit fort bis an die Markscheide zwischen Dorothea und Bergmannstrost (Nr. 46[1]), wo sich der Gang in oberer Teufe in zwei Trümer theilt, die sich jedoch in der Tiefe vereinigen und nur einen Gang bilden. Dem Streichen nach über den Dorotheer Schacht (Nr. 47) in St. 9. 3. kommen dieselben etwa 40 Lachter morgenwärts vom Caroliner Schachte (Nr. 49) wieder zusammen. Von dieser Scharung der beiden Trümer setzt der Gang bis zum Prinz Friedrich (Nr. 50) in dem Streichen St. 7. 5. mit dem vorhinnigen Fallen von 78° fort. Von letztgenanntem Schachte ab wendet er sich noch weiter ins Liegende, in St. 6. 7. streichend, und ist durch die Schächte und Baue von den Gruben Prinzessin Amalia (Nr. 52), St. Ursula und Georg (Nr. 54) und Prinzessin Elisabeth (Nr. 55) untersucht. Weiter morgenwärts liegt noch der Fortuner Schacht (Nr. 56) am Jägersblecker Teiche darauf; jedoch ist der Gang schon von dem Vereinigungspunkte der beiden Trümer, 40 Lachter östlich

vom Caroliner Schachte (Nr. 49) ab, taub und besteht fast ausschliesslich aus mildem Thonschiefer; in der Tiefe zieht sich das grosse Erzmittel der Gruben Dorothea und Caroline immer weiter abendwärts zurück. Zwischen den Gruben Dorothea und Caroline beträgt die Mächtigkeit mit dem zwischenliegenden Bergmittel höchstens 20 Lachter; jedoch wird wohl grössere Mächtigkeit aus Veranlassung der Unentschiedenheit der Trennung der Gangmasse vom hangenden Nebengesteine angegeben. Am Liegenden hat der Gang bestimmte Begränzung.

Wir wenden uns nun zur Beschreibung der hangenden Gänge vom Eleonorer Schachte (Nr. 24) bis zum Prinz Friedricher (Nr. 50).

7) Osteröder-Zecher und Landeswohlfahrter Gang. Dieser läuft westlich vom Eleonorer Schachte (Nr. 24), wo der Kranicher Gang zum Hauptgange hinzukommt, gegen Mittag St. 11. 4. ins Hangende ab. Es liegen darauf: die Osteröder-Zeche (Nr. 36) und die Landeswohlfahrter Schächte (Nr. 35).

8) Landesherrner Gang. Er setzt vom eben genanntem Gange, zwischen der Osteröder-Zeche (Nr. 36) und dem Landeswohlfahrter Schachte (Nr. 35), bogenförmig ins Liegende, nimmt jedoch nachher mit demselben gleiches Streichen an; die Schächte Nr. 35[1] liegen darauf.

9) Herzog Georg Ludewiger Gang. Dieser liegt weiter im Hangenden vor und ist mit dem Georg Ludewiger Nennzehnlachter-Stollen-Suchorte (Nr. 31) und dem Haus-Celler Frankenscharner Stollen-Suchorte (Nr. 33) überfahren; auch liegt der Schacht Herzog Georg Ludewig (Nr. 34) darauf.

10) Das **Philipper Trum** (Nr. 87[1]) läuft zwischen dem Eleonorer (Nr. 24) und dem **Margarether** Schachte (Nr. 23) in St. 9. 5. morgenwärts ins Hangende und

11) das **Weisserosser Trum**, worauf der Schacht (Nr. 37) abgesunken, liegt mit etwas divergirendem Streichen zwischen demselben und dem Landesherrner.

Die unter Nr. 8, 9, 10 und 11 genannten Gänge sind, ausser den angegebenen Punkten, noch durch das Haus-Celler Dreizehnlachter-Stollen-Suchort ins Hangende (Nr. 38) und mit dem **Landeswohlfahrter** Tiefen Stollen-Orte ins Hangende (Nr. 23[1]) vom Margarether Schachte (Nr. 23) ab überfahren. Sämmtliche Trümer sind jetzt unbebaut und nicht erheblich.

12) Der **Gabrieler Gang**, St. 10. 4. streichend, ist ein hangendes Bogentrum, welches bei dem Christian Ludewiger Schachte (Nr. 22) vom Kranicher Gange abläuft und beim Bergmannstroster Schachte (Nr. 46) dem Hauptgange wieder zusetzt, so dass es den stumpfen Winkel, dessen Spitze beim Elisabether Schachte (Nr. 21) liegt, schliesst. Der Heinrich Gabrieler Schacht (Nr. 43) ist darauf vom Tage 100 Lachter tief abgesunken. Da dieser Gang 40 Lachter über dem tiefen Stollen ein saigeres Fallen annimmt, der Hauptgang aber seine Donnlage behält: so fällt er diesem zu und ist 20 Lachter unter dem tiefen Stollen damit vereinigt. Die Scharungspunkte rücken je tiefer je näher zusammen und der Gabrieler Gang schliesst sich in der Tiefe dutenförmig an dem Hauptgange, von dem er sich übrigens durch seine quarzige Gangart unterscheidet. Seine Mächtigkeit beträgt kaum 1 Lachter.

Als selbstständige Hauptgänge setzen im Hangenden des oberen Burgstädter Zuges noch der Rosenbüscher und der Silbernaler Gang durch. Von beiden soll näher die Rede seyn.

13) Der Rosenbüscher Gang kommt vom Rosenhöfer Zuge aus Westen unter dem Hauptstreichen St. 8. 2. mit dem Einfallen von 65—70° heran. Es haben darauf, zunächst der Grube Dorothea, der König Balthasar und Rosenbüscher Schacht (Nr. 40) gelegen. Ausserdem ist derselbe getroffen mit dem Dreisteiger-Orte (Nr. 39) in der Neunzehnlachter-Stollen-Sohle; mit dem Gabegotteser Dreizehnlachter-Stollen-Suchorte (Nr. 42); mit dem Juliane Sophier Querschlage auf dem Dreizehnlachter-Stollen (Nr. 48); mit dem Rosenbüscher Querschlage vom Dorotheer Schachte in der tiefen Stollensohle bei Nr. 47ᶦ; mit dem Querschlage von der Caroliner 25sten Strecke (Nr. 49ᶦ), 200 Lachter saiger unter Tage; und mit dem Benedicter Versuchquerschlag auf dem tiefen Stollen bei Nr. 50ᶦ. Am St. Elisabether Schachte ist der Querschlag Nr. 21ᶦ zu dem Zwecke angesetzt, um diesen Gang nochmals zu überschneiden. Besonders bemerkenswerth ist das Verhalten dieses Ganges in Ansehung seines Anscharens an den Hauptzug. Auf dem Dreizehnlachter-Stollen schart er sich am Caroliner Schachte (Nr. 49) zuletzt an diesen an; da er aber flacher fällt als derselbe, so bleibt er in der Tiefe nicht mit ihm zusammen, obgleich der Hauptgang sich fast in seine Streichungslinie wendet. Dass er in der Tiefe im Hangenden selbstständig fortsetzt, beweisen der Benedicter (Nr. 50ᶦ) und der Caroliner 25ste Strecken-Querschlag (Nr. 49ᶦ).

So weit man den Gang bis jetzt hat kennen lernen, ist er bis zu 4 Lachter mächtig und fast nur mit mildem Thonschiefer gefüllt, der aus linsenförmigen auf der Oberfläche blank geriebenen gleichsam gequetschten Absonderungen besteht.

14) Der Silbernaler Gang streicht St. 7. 7., fällt verkehrt unter 70° und ist an den mit a bezeichneten Punkten, im Hangenden des Rosenbüscher Ganges, mit dem Neuen St. Andreaser Suchorte (Nr. 41) in der Frankenscharner Stollensohle; mit dem Juliane Sophier Querschlage (Nr. 48) in der Dreizehnlachter-Stollensohle; mit mit dem Bergbau-Cassen-Neunzehnlachter-Suchorte (Nr. 51); mit dem Rosenbüscher Querschlage auf der tiefen Stollensohle (Nr. 47^{I}); mit dem Caroliner 25sten Streckenquerschlage (Nr. 49^{I}) und mit dem Benedicter Versuch-Querschlage (Nr. 50^{I}) überfahren. In 254 Lachter Teufe, in der Sohle der Dorotheer 29sten Strecke, wird sich im Hangenden des Dorotheer Schachtes der Bergwerks-Wohlfahrter Gang mit dem Rosenbüscher Gange im Fallen vereinigen. Erkennbar ist der erstere auch durch seine Ausfüllung dadurch geworden, dass er neben Thonschiefer hin und wieder Schwerspath führt, welche Gangart ihn auf der Grube Bergwerks-Wohlfahrt charakterisirt. Am Tage ist er mit der Chaussee bei Nr. 58 durchschnitten.

Die zwischen dem Rosenbüscher und Silbernaler Gang überfahrenen Gangtrümer lassen noch zur Zeit keine Beziehung auf einen der Hauptgänge zu.

V. Der Rosenhöfer Zug setzt 600 Lachter im Hangenden oder gegen Mittag vom Zellerfelder Hauptzuge auf und besteht da, wo er vorzüglich bekannt und ausschliesslich bebaut ist, — im Clausthaler Thale westlich von der Bergstadt, — aus einem verwickelten Netz gering mächtiger Gänge, die jedoch eine Mächtigkeit von 1 bis 2 Lachter erreichen. Dass der im oberen Burgstädter Reviere bekannte Rosenbüscher Gang von ihm ausgeht, ist schon bemerkt, und weist das Stollenort, worauf der Drei-Brüder Schacht (Nr. 249) liegt, auf diese Verbindung hin.

Die Verzeichnung dieses Zuges auf der Karte ist ein grundrisslicher Durchschnitt in der tiefen Georgstollen-Sohle, welchem nur einige auf der Willengotteser Strekkensohle, 55 Lachter höher, erlangte Aufschlüsse hinzugefügt worden sind, wie das Neuejahrs-Suchort (Nr. 253) und die Willegotteser Strecke (Nr. 252[1]).

Als die Hauptgänge, welche das Netz begränzen, sind der hintere Alteseegener und der Thurmhöfer zu betrachten.

1) Der hintere Alteseegener Gang setzt am weitesten im Liegenden auf, streicht St. 7. 4½. und fällt unter 60°. Es liegt darauf der hintere Alteseegener Schacht (Nr. 251) und das Neuejahrs-Suchort (Nr. 253), welches auf eine Scharung dieses Ganges mit dem Kranicher oder Sarepter hinweist.

2) Der Thurmhöfer Gang bildet das äusserste Hangende mit einem bogenförmigen von St. 7. 7. in St. 9. 4., 8. 6., 8. 2., 6. 6. und 8. 6. von Westen her wechselnden Streichen. Sein Einfallen beträgt 76° und er dürfte auch der Gang seyn, welcher in seiner Fortsetzung nach Morgen den Rosenbüscher bildet. Es liegt auf ihm der Drei-Königer Schacht (Nr. 243) und wahrscheinlich auch der Drei-Brüder Schacht (Nr. 249). Beide Gänge sind in der Sohle des tiefen Georgstollens, in der Gegend der Altenseegener Schächte (Nr. 251 und 242), 126 Lachter unter Tage, so wie auch in der

Sohle der Tiefen Wasserstrecke, 181 Lachter tief, 160 bis 170 Lachter von einander entfernt; auf dem Rabenstollen, $31\frac{7}{8}$ Lachter unter Tage, beträgt diese Entfernung nur 140 Lachter. Gegen Abend scheinen beide Gänge sich mehr und mehr zu nähern, oder doch in geringerer Entfernung von einander fortzusetzen.

Von diesen beiden Gängen wird das Rosenhöfer Gangnetz eingeschlossen, wozu noch folgende Gänge gehören:

3) Der Rosenhöfer Gang, worauf die Rosenhöfer Schächte Nr. 247 und 248, so wie der St. Johannes Schacht Nr. 246 liegen, schliesst nördlich einen Bogen des Thurmhöfer Ganges, indem er demselben beim Königer Schachte Nr. 243 und östlich vom Neuen Thurm - Rosenhöfer Schachte Nr. 248 zuschart. Sein Streichen ist St. 7. 2., womit er unter 68° fällt, und also in der Tiefe dem Thurmhöfer Gang näher rückt, was auch daraus hervorgeht, dass in der Sohle der tiefen Wasserstrecke der Rosenhöfer Neue Schacht schon östlich vom Scharungspunkte des Rosenhöfer und Thurmhöfer Ganges liegt.

4) Der Altenseegner und Silberseegner Hauptgang, worauf der vordere Altenseegner Schacht Nr. 242 liegt und welchem der Silberseegner Richtschacht auf dem tiefen Stollen (Nr. 250) etwa noch 25 Lachter im Hangenden vorgeschlagen ist, setzt in der Mitte zwischen dem Thurmhöfer und hinteren Altenseegner Gange auf und scheint mit dem Streichen St. 8. und dem Fallen von $76\frac{1}{2}$° dem hinteren Altenseegner Gang abendwärts zuzulaufen. Etwa 60 Lachter vom vorderen Altenseegner Schachte, Nr. 242, wendet er sich aus St. 8. 5. in die St. 11. 2. ins Hangende, wodurch

er als ein Quertrum, Ziller hangendes Trum, dem Rosenhöfer Gang zusetzt, ihn jedoch nicht unmittelbar erreicht, sondern nur vermittelst eines im Hangenden unter St. 12. 2. ablaufenden, $75\frac{1}{2}°$ fallenden Trums.

5) Ein unter $50\frac{1}{2}°$ verkehrt fallendes Trum läuft auf demselben Punkte bei a, wo das eben genannte Trum vom Ziller hangenden Trume abgeht, in St. 7. 2., ab und bildet in seiner Fortsetzung nach Abend das 3te hangende Alteseegner Trum (b), welches theils bei d wieder dem Thurmhöfer Gange zuläuft und unter $78\frac{1}{4}°$ recht fällt, theils bei f, als 1stes Silberseegner hangendes Trum, fast rechtwinkelig in St. 2. 3. nach dem Silberseegner Hauptgange zusetzt. In der Sohle der tiefen Wasserstrecke ist noch ein 2tes und 3tes Silberseegner hangendes Trum bekannt.

6) Das zweite hangende Altenseegner Trum, St. 9. $2\frac{1}{2}$. streichend, scheint ein Zwischen-Trum zwischen dem verkehrt fallenden (a) und dem Altenseegner Schacht-Trum, welchem es abendwärts zulaufen wird, so wie

7) das erste hangende Altenseegner Trum, welches damit fast parallel, St. 9., streicht und im Hangenden des Schachtes (Nr. 242) durchsetzt, abendwärts davon aber an den Altenseegner Hauptgang anschart.

8) Im Liegenden des Altenseegner Schachts läuft ein Bogen-Trum herum, welches unter $63\frac{1}{2}°$ verkehrt fällt.

9) Auch setzt gleichfalls im Liegenden des Schachts noch das Altenseegner liegende Trum auf, welches in St. 10. streicht und unter $81\frac{3}{4}°$ verkehrt fällt. Dieses Trum läuft morgenwärts dem Altenseegner Schachtgange zu, gegen Abend aber hat es die

Richtung nach dem hinteren Altenseegner Gange, so dass es als ein Quertrum zwischen diesen beiden Gängen erscheint.

10) Der Braunlilier Gang läuft bei h vom hinteren Altenseegner, mit dem Streichen St. 11. 6. bis 12. 1., ins Hangende. Es liegt darauf der Braunlilier Schacht (Nr. 252), welcher auf der Karte von der Willegotteser Strecke Nr. 252^{I} bis auf den tiefen Stollen angegeben, so dass dieses Trum in zwei Sohlen verzeichnet worden. Diesem Gange liegt noch ein hangendes Trum (k) mit dem Streichen St. 11. $6\frac{1}{2}$. vor, welches sich jedoch gegen Mittag wieder mit dem Liegenden vereinigt und in dieser Vereinigung dem Rosenhöfer Gang in der Gegend des Thurm-Rosenhöfer alten Schachts (Nr. 247) zusetzt. Auch setzt ein verkehrt fallendes Trum k^{I} an die beiden Braunlilier Trümer, in St. 9. 2., von Abend heran.

11) Das Ziller liegende Trum ist die bei i in St. 10. 4. ablenkende Fortsetzung des Braunlilier Trums und scheint dieses Trum in der Nähe des Rosenhöfer neuen Schachts (Nr. 248) an den Rosenhöfer Gang heranzukommen.

Als die weitere westliche Fortsetzung der Rosenhöfer Hauptgänge sind, wie schon bemerkt, die Gänge im Einersberge zu betrachten, worauf die Versuche Haus Imhof und Heynitz (Nr. 228), Christianer Schacht (Nr. 221), der Schacht Nr. 220, die Felicitaser Stollen im Auerhahnsthale (Nr. 217, 218, 219), das verlegte Pelikaner Suchort (Nr. 216), so wie der alte Stollen (Nr. 214). Auch der Versuch an der Innerst (Nr. 238 i) dürfte auf einen der Rosenhöfer Gänge zu beziehen seyn. Es dringt sich die Bemerkung auf, dass das Todtenthal wie das Auerhahnsthal am Einersberge dem Ausgehenden der Rosenhöfer Gänge seinen Ursprung verdankt.

Ob das Bleiglanzvorkommen auf der Grube Prinz-Regent an der Südseite des Ibergs, so wie die Gangverhältnisse unter der Langenwiese in der Gegend des Lichtlochs (Nr. 236) gleichfalls der Fortsetzung des Rosenhöfer Zuges zuzuschreiben sind, muss dahingestellt bleiben. Aehnliche Bewandniss hat es mit den Schürfen am Schweinehagen oder Vosshai.

Im nächsten Hangenden des Thurmhöfer Ganges sind keine Gänge bekannt und der nächst vorliegende Gang ist der Silbernaler, welcher mit dem Willegotteser Himmlischheerer Suchorte, vom Altenseegner Schachte (Nr. 242) ab, im Hangenden (Nr. 244) bei a[2] überfahren und ohne günstigen Erfolg untersucht worden.

Dieser Gang, von dem schon wiederholt die Rede gewesen, bildet

VI. den Silbernaler Zug. Er besteht auf der Grube Bergwerkswohlfahrt, wo der Medings-Richtschacht (Nr. 205[1]) darauf gerichet, aus einem 10 bis 15 Lachter mächtigen Gange, worauf in der tiefen Stollensohle drei Trümer zu unterscheiden sind, und einem hangenden Trumchen, welches nur wenige Fuss vom Hauptgange entfernt, das Quergestein selbstständig durchschneidet und hin und wieder mit dem Hauptgange zusammenläuft. In früherer Zeit sind auf diesem Zuge der Haus-Haklenberger Schacht (Nr. 202), der Haus-Braunschweiger Richtschacht (Nr. 203), der alte Treibschacht (Nr. 204), der alte Kunstschacht (Nr. 205), der Nikolaser Schacht (Nr. 207), der Hohehalder Schacht (Nr. 208) abgesunken. In neuerer Zeit ist der Gang, vom 2ten Lichtloche des tiefen Georgstollens (Nr. 210) ab, mittelst eines Querschlages in der Sohle des eben genannten Stollens angefahren und im Felde der Grube Bergwerks-Wohlfahrt edel ausgerichtet worden. Der Stollen ist als hangende Strecke (Nr. 210[1]) oder Umbruch vor dem Gange und den alten Bauen hindurch getrieben und mittelst eines Querschlags davon (bei Nr. 204) der alte Treibschacht gelöst worden, so wie auch, mittelst des im Liegenden fortgetriebenen Stollenorts, der Haus-Braunschweiger Richtschacht (Nr. 203). Im Hangenden sind durch das Lüneburger Suchort (Nr. 206) eben so wenig als durch den tiefen Georgstollen-Querschlag vom 2ten Lichtloche Nr. 210 ab Gänge überfahren. Aber im Liegenden ist mit dem eben genannten Querschlage der Neueglücker Gang bei e überfahren. Das Bergbau-Cassen-Ort ins Liegende auf der tiefen Stollensohle Nr. 206[1] hat noch zu keinen näheren Resultaten geführt. Jedoch sind im Liegenden noch bekannt: der liegende Bergwerksglücker Gang (a), der hangende Bergwerksglücker Gang (b), der Unverhofftglücker Gang (c) und der in der Nähe des Haus-Braunschweiger Richtschachtes übersetzende Seegengotteser Gang (d). Diese Gänge sind auch zum Theil mit dem Pelikaner Orte Nr. 201 überfahren, welches jetzt als Rüsche, vom Innerstthale ab, durch den Bauersberg hindurch getrieben wird.

Von der Löwener Pinge (Nr. 199) scheint sich das Hauptstreichen des Zuges nach der Grube Grundnersches Glück (Nr. 211) ins Hangende zu wenden. Da indessen das Streichen zwischen diesen Punkten nach Schurfarbeiten am Tage verzeichnet ist und das Gebirge nach Grund hin abfällt: so ist die scheinbare Veränderung des Streichens aus der Abweichung der Ausstreichungslinie am Tage von der wirklichen Streichungslinie zu erklären. Wird diese Erklärung angenommen: so bleibt es zweifelhaft, ob mit dem Bergsterner Querschlage (Nr. 199) und dem Querschlage vom 4ten Lichtloche des tiefen Georgstollens (Nr. 238 a) die Silbernaler Hauptgänge schon getroffen sind, obgleich von dem erstgenannten Querschlage ab, auf einem überfahrenen mächtigen Gange, Erze angefahren worden, die auch, der Gangart nach, mit den Geschicken des Bergwerkswohlfahrter Ganges übereinstimmen. Der ganze Gangzug zeichnet sich übrigens durch beträchtliche Schwerspath-Ausfüllung aus.

Ob die am Todtenmanns-Berge, westlich von Grund, erschürften liegenden Gänge Nr. 238 i darauf zu beziehen sind, bleibt zweifelhaft, und noch mehr zweifelhaft ist es, ob die Königsberger Gänge Nr. 238 h damit in Verbindung kommen. Merkwürdig bleibt jedenfalls das bedeutende Hervortreten des Schwerspaths in dieser Gegend, wozu auch noch die eine Kuppe bildende Schwerspath-Auflagerung auf Rauhkalk am Restberge Nr. 238 g und das Schwerspath-Vorkommen am Iberge und Winterberge gehören. Von der östlichen Fortsetzung des Silbernaler Ganges ist schon beim Rosenhöfer und Burgstädter Zuge die Rede gewesen, von welchen ab er durch Querschläge angefahren worden. Der nächste Punkt östlich von der Frankenscharner Hütte, wo er untersucht worden, ist das Salomoner oder erste Lichtloch des tiefen Georgstollens Nr. 239, in dessen Nähe an der Schlucht des Rabenthals er auch zu Tage ansteht; auch ist vom Rabenstollen-Mundloche darauf aufgefahren. Die Punkte a auf dem Willegotteser Querschlage Nr. 244 und auf mehren Querschlägen des Burgstädter Zuges, die schon angegeben worden, bezeichnen ihn, wo er weiter überfahren worden; auch ist die Schacht-Pinge Dorothea Marie Hedwig (Nr. 245) darauf zu beziehen. Höchst wahrscheinlich ist der mit dem Kron-Calenberger Orte Nr. 156 a bei Nr. 159 überfahrene Gang gleichfalls der Silbernaler, und ob es gleich noch zweifelhaft bleibt, ob das in dem Königin Anner Schachte Nr. 79 anstehende Schwerspath-Trum dazu gehört, so liegen doch die im neuen Hutthaler Wasserlaufe bei a überfahrenen Trümer wieder in seiner Streichungsrichtung. Hiernach wäre anzunehmen, dass der Silbernaler Gang in den Grünsteinzug, — dessen liegende Gränze zwischen den Punkten Nr. 156 a[1] und dem Anner Schachte Nr. 79 am Polsterberge durchsetzt, — einschneidet und also ein entschieden abweichendes Verhalten von dem Burgstädter Zuge zeige. Dieser wendet sich nämlich vor dem Grünsteine in den stumpfen Winkel, in welchem er ihm zusetzen müsste, und kommt damit nicht in entschiedene Berührung. Von dem Silbernaler Gange ist demnach anzunehmen, dass er erst nach dem Hervortreten des Grünsteins gebildet worden. Ob das Gegentheil vom Burgstädter Zuge gelte, — von welchem in dieser Rücksicht nur allein noch die Rede seyn kann, da die übrigen Gangzüge überall an die von Lerbach über Buntenbock nach dem Hutthale und Polsterberge herauf setzende Grünstein-Einlagerung nicht herankommen, — dies ist eine Erage, welche sich vielleicht bei Erwägung der Verhältnisse der Altenauer Bleigänge näher beantworten lässt, wozu wir jetzt übergehen, da das, was über die im Hangenden des Silbernaler Zuges weiter südlich durchsetzenden Gänge zu sagen war, bereits oben §. 3 unter 8 bemerkt worden ist.

VII. Altenauer Gang-Revier. Unweit der Bergstadt Altenau haben mehre Versuche auf Blei- und Silberbergbau Statt gefunden. Ein Theil derselben hängt mit der Verfolgung des Burgstädter Zuges und der Mönchsthaler Gänge zusammen, und die Gänge, worauf sie sich beziehen, liegen nordwestlich oder im Liegenden des Grünsteinzuges. Diese Versuche sind Sonnen-Aufgang Nr. 68, Seegengottes tiefer Stollen Nr. 67, Löwenburger Schacht Nr. 66, Neuer Andreas und König Balthasar Nr. 65, Prinzessin Marie und Amalie, Neuer August Nr. 62. Ob hier wirkliche Gänge verfolgt sind, bleibt zweifelhaft, und eben so ungewiss ist es, ob die Silbergruben bei der Altenauer Eisenhütte Nr. 8 und 9 auf dieselben Verhältnisse zu beziehen sind, oder, wie oben angenommen wurde, auf die Fortsetzung des Kron-Calenberger und der Mönchsthaler Gänge gerichtet waren.

Bedeutendere Versuche, und man kann sagen selbst ein schon ausgedehnter, wenn auch nicht erfolgreicher, Bergbau, liegen jenseits der Oker südlich von Altenau und im Hangenden des Grünsteinzuges. Die Gänge setzen in Kieselschiefer auf und haben neben Kalkspath viel Quarz geführt. Sie erscheinen in ihrer Erzführung nur als mächtige Klüfte im Kieselschiefer ohne Ausdauer, und der Bleiglanz hat nur geringen Silbergehalt. Die Hauptunternehmungen darauf sind: der Schatzkammer-Stollen Nr. 12, welcher zuerst querschlägig an dem Gange heran getrieben, und die Gruben Schatzkammer und Rosine Nr. 14; ferner der Schulthaler Stollen Nr. 15, welcher nach den Gruben Kaiserkrone und Silberlilie, Altenauer Glück und Englische Krone gerichtet ist, und auf dem Hauptgange, welcher in St. 8. 9. streicht und 2 bis 3 Lachter mächtig ist, getrieben seyn soll. Die Englische Krone hatte übrigens auf einem in der St. 7 streichenden, nach der Wolfswarte zusetzenden Gang gemuthet. Zieht man in Erwägung, dass der Burgstädter Zug sich vor dem Grünsteine ins Liegende wendet und keine Spur davon vorhanden ist, dass er dessen Streichungslinie durchschneide: so muss es auffallen, dass sich jenseits des Grünsteins doch wieder Bleiglanzgänge in der St. 8. 9. anlegen, wenn auch durch das Vortreten des Kieselschiefers sehr gestört. Der Schluss liegt wohl jetzt nicht entfernt, dass das Hervortreten des Grünsteins die schon vorhandenen Bleiglanzgänge unterbrochen und gestört habe, auf die ausserdem die Veränderung des Gebirges in Kieselschiefer nicht ohne Einfluss bleiben konnte. Hiernach wären also die Gänge des Burgstädter Zuges, und die mit ihm gleichzustellenden, älter als der oft bezeichnete Grünsteinzug von Lerbach bis nach dem Kellwasser, während der Silbernaler Zug als eine jüngere Bildung anzusprechen seyn würde, wenn er wirklich, wie wahrscheinlich geworden, in denselben einschneidet.

Als eine besondere Ganggruppe in der Nähe von Altenau sind noch die Gänge im Gemkenthale und an der Kalbe zu betrachten.

Unterhalb der Gemkenthaler Sägemühle im Thale der Oker ist der Gottesglücker oder Neuglücker Gang mit dem Stollen Nr. 2 untersucht, welchem, diesseits der Oker, der Haus-Fürstensteiner Stollen (Nr. 1) entspricht. Dieser Gang streicht St. 8. 1. Als die Fortsetzung nach Osten dürfte der durch den Carler Stollen (Nr. 5) 340 Lachter lang im kleinen Ahrendsberge aufgeschlossene, in St. 7. 4. streichende Gang anzusehen seyn. Der Gang, worauf die Grube König Georg (Nr. 4) gebaut, setzt etwa 160 Lachter vom Mundloche dem Gottesglücker Gange aus dem Hangenden, von Morgen her, zu und führt festen Quarz mit Kalkspath und Kupferkies.

Indem wir hier die Nachweisung über die Oberharzischen Bleierzgänge beschliessen, bemerken wir nur noch, dass die in der Gegend von Kamschlacken und Riefensbeck unternommenen Versuche zu unbedeutend sind, als dass mehr, als das folgende Verzeichniss nach der Nummern-Folge darüber enthält, angeführt werden könnte. Auf dies Verzeichniss nehmen wir auch in Ansehung des Details der Eisensteins-Lagerstätten Beziehung.

§. 7.

Erklärung der Nummern der Karte nach ihrer Folge.

I. Lautenthaler Zug.

1. Bromberger Stollen und Schacht.
2. Lautenthaler Gegentrumer Schächte.
3. Prinzessin Auguste Caroliner Schacht.
4. Gegentrums-Stollen-Mundloch.
5. Tiefe Sachsen-Stollen-Mundloch.
6. Güte des Herrner Schacht.
7. Tiefe Sachsen-Stollen-Suchort.

8. Abendsterner Schacht.
9. Maassener Treibschacht.
10. Maassener Kunstschacht.
11. Schwarze Gruber Schacht.
12. Kleine Jacober Schacht.
13. Alter Bergsterner Stollen-Mundloch.
14. Alter Leopolder Stollen-Mundloch.
15. Neuer Bergsterner Schacht.
16. Wasserlaufs-Mundloch.
17. Erzlaufer Stollen-Mundloch.
18. Morgenröthe und Abendstern.
19. Lautenthaler Hoffnungsstollen-Mundloch.
20. Herzog Ferdinand Albrecht und Lautenthaler Hoffnung-Gesammtschacht.
21. 1stes Lichtloch des Lautenthaler Hoffnungsstollen.
22. Dorothea Friederiker Schacht oder 2tes Lichtloch.
23. Lehnschacht, Auguster Suchstollen.
24. Hangender Querschlag auf der 10ten Strecke.
25. Lautenthaler Gegentrum.
26. Prinzessin Auguste Caroline.
27. Seegen Gottes.
28. Güte des Herrn.
29. Lautenthals Glück.
30. Kleiner St. Jacob.
31. Herzog Ferdinand Albrecht.
32. Lautenthaler Hoffnung.
33. Wilhelmine Eleonore.
34. Dorothea Friederike.

II. Hahnenkleer Zug.

35. Beständigkeiter Schacht.
36. Theodorer liegender Gesammtschacht.
37. Theodorer hangender Gesammtschacht.
38. Aufrichtigkeiter Schacht.
39. Herzogin Philippine Charlotter Schacht.

40. Verlegter Herzogin Philippine Charlotter Schacht.
41. Hahnenkleer Stollen-Mundloch.
42. Johann Georger Schacht.
43. Königin Charlotter Suchstollen.
44. Hahnenkleer Stollen-Flügelort ins Hangende.
45. Morgenröther Pinge.
46. Baucassenglück und Louise Amalier Gesammtschacht.
47. Beständigkeit.
48. Theodore.
49. Aufrichtigkeit.
50. Herzogin Philippine Caroline.

III. Bockswieser Zug.

51. Alter Gesellschafter Schacht.
52. Alter Braunehirscher Schacht.
53. Christiane Sophier Schacht.
54. Alter Gesellschafter Schacht.
55. Stadt Braunschweiger Schacht.
56. Flaches Lichtloch, oder Silberner Georger Schacht.
57. Steineres Lichtloch, oder Georg Wilhelmer Schacht.
58. Grumbacher Stollen-Mundloch.
59. Braunehirscher Schacht.
60. Johann Friedricher Schacht.
61. Auguster neuer Treibschacht.
62. Erbtiefster Kunstschacht.
63. Alter Treibschacht.
64. Lautenth. Hoffnungsstollen-Wasserort ins Liegende.
65. Anton Ulricher Stollen-Mundloch, oder Pisthaler Wasserlauf.
66. Anton Ulricher und Gesellschafter Schacht.
67. Neuer Zellerfelder Gesammtschacht.
68. Haus-Wolfenbüttler Schacht.
69. Zellerfelder Hoffnungsschacht.
70. Pisthaler Wasserlaufs-Gegen-Mundloch.
71. Alter Schacht.

72. Haus-Hannover Schacht.
73. Grüne Tanne und Calenbergsglücker Schacht.
74. Alter silberner Georger Schacht.
75. Alter Prinzer Schacht.
76. Alter grüner Lindner Schacht.
77. Neuer grüner Lindner Suchstollen.
78. Drei-Bären-Schacht.
79. Brauner Hirsch.
80. Herzog August und Johann Friedrich.
81. Herzog Anton Ulrich.
82. Neues Zellerfeld.
83. Neue Gesellschaft.
84. Haus Wolfenbüttel.
85. Zellerfelder Hoffnung.
86. St. Edmund.
87. Haus Hannover.

IV. Festenburger und Schulenberger Zug.

88. Schürfe auf Gängen.
89. Königin Elisabether Schacht.
90. Weisser Schwaner Schacht.
91. Kronenburgsglücker Schacht.
92. Schulenbergsglücker Bau.
93. Festenburger Stollen-Mundloch.
94. St. Urbaner Schacht.
95. Alter Tagestollen.
96. Glücksräder Stollen.
97. Glücksräder Schacht.
98. Gelber Lilier Schacht.
99. Gnade Gotteser Schacht.
100. Gnade Gotteser Stollen-Mundloch.
101. Engler Suchort vom Schulenb. Stollen ins Liegende.
102. Prinzer Schacht.
103. Juliane Sophier Schacht.
104. Schulenbergsglücker Schacht.

105. August Wilhelmer Schacht.
106. Schulenberger Stollen-Mundloch.
107. Herzog August Wilhelmer Suchstollen.
108. Kupferkroner Schacht.
109. Lehnschacht Bischof Friedrich.
110. Prinz Adolph Friedrich.
111. Seegen des Herrn am Märtensthal.
112. Königin Elisabeth.
113. König Carl.
114. Weisser Schwan.
115. Kronenburgsglück.
116. St. Urban.
117. Neue gelbe Lilie.
118. Gnade Gottes.
119. Juliane Sophie.

V. Hütschenthaler und Spiegelthaler Zug.

120. Baumgartner Schacht.
121. Glückauf.
122. Neue Fundgrube.
123. Hütschenthals-Stollen-Mundloch.
124. Alte Fundgruber Schächte.
125. Alte Weintrauber Stollen-Mundloch.
126. Alter Weintrauber Schacht.
127. Friedrich Wilhelmer Schacht.
128. Glücksgartner Schacht.
129. Hütschenthalsglücker Schacht.
130. Neuer Weintrauber Schacht.
131. Himmlisch Heerzug-Stollen-Mundloch.
132. Güldener Becher.
133. Himmlisch Heerzug-Stollen-Flügelort.
134. Siebengestirn oder güldener Stern.
135. Silberner Mond.
136. Kleeblatt.
137. Frische Steiger Schächte.

138. Güldene Sonne.
139. Redensglücker Stollen und Schacht.
140. Friederike Philippine.
141. Alte güldene Sonne.
142 a. Verlegter Friedrich Wilhelmer Stollen.
142 b. Spiegelthals Hoffnung.
143. Engler Schacht.
144. Christianer Ort.
145. Spiegelthalsglücker Ort.
146. Buschseegner Stollen-Mundloch.
147. Hülfe Gottes zu Neumark.
148. Buschseegner Schacht.
149. Haus Wolfenbüttel.

VI. Zellerfelder Hauptzug.

150. Dreizehn-Lachter-Stollen-Mundloch.
151. Anne Julianer Schacht.
152. Neunzehn-Lachter-Stollen-Mundloch.
153. Neunzehn-Lachter-Stollen neues Mundloch.
154. Haus-Ditfurter Schacht.
155. Deutscher Wildemänner Schacht.
156. Rosser Schacht.
157. Hülfe Gotteser Neunzehn-Lachter-Stollen-Suchort ins Hangende.
158. Sonnenglanzer und Friederiker Schacht.
159. Charlotter Schacht.
160. Alter Charlotter Schacht und Stollen.
161. Weintrauber Neunzehn-Lachter-Stollen-Suchort ins Hangende.
162. Charlotter Neunzehn-Lachter-Stollen-Suchort ins Hangende.
163. Haus Sachsener Schacht.
164. Wasserbrunner inwendiger Schacht.
165. 8ter Maassener inwendiger Kunstschacht.

166. St. Johanneser Schacht.
167. Schossbühner Suchort ins Liegende.
168. Samueler Kunstschacht.
169. Baumanns Suchort ins Hangende.
170. Samueler Schacht.
171. Dreizehn-Lachter-Stollen-Suchort ins Hangende.
172. Bleifelder Schacht.
173. Augustenburger Suchort ins Liegende.
174. Windgaipler Schacht.
175. St. Joachimer abgegangener inwendiger Kunstschacht.
176. Neunzehn-Lachter-Stollen-Suchort ins Hangende.
177. Jungfrauer Schacht.
178. Schreibfeder Schacht.
179. Neunzehn-Lachter-Stollen-Suchort ins Hangende.
180. Dreizehn-Lachter-Stollen-Wasserort ins Hangende.
181. Freudensteiner Schacht.
182. Rheinischweiner Schacht.
183. Carler Schacht.
184. Ringer Schacht.
185. Haus Wolfenbüttler Schacht.
186. Löwener Schacht.
187. Herzog Rudolph Auguster Stollen.
188. Zellerfelder Hoffnungs - Frankenscharner Stollen ins Liegende.
189. St. Salvators Schacht.
190. Treuer Schacht.
191. Haus Zeller Schacht.
192. Charlotte.
193. Neuer St. Joachim.
194. Haus Hannover und Braunschweig.
195. Bleifeld.
196. Regenbogen.
197. Ring und Silberschnur.
198. Haus Zelle.

VII. Silbernaler Zug und in dessen Nähe liegende Bergbaupunkte.

199. Löwener Pingen.
200. Tiefer Georgstollen 3tes Lichtloch.
201. Pelikans Stollen-Mundloch.
202. Haus Hakelberger Schacht.
203. Haus Braunschweiger Richtschacht.
204. Alter Treibschacht.
205. Alter Kunstschacht.
205[I]. Medingschacht.
206. Suchort von der Lüneburger Strecke ins Hangende.
206[I]. Bergbau-Cassen-Ort.
207. St. Nikolaser Schacht.
208. Hohe Halder Schacht.
209. St. Nikolaser Suchort ins Hangende.
210. Tiefer Georgstollon 2tes Lichtloch.
210[I]. Tiefer Georgstollen-Umbruch.
211. Gründnersglücker Schachtpinge.

Besondere Gänge des Silbernaler Zuges.

a. Liegender Bergwerksglücker Gang.
b. Hangender Bergwerksglücker Gang.
c. Unverhofftglücker Gang.
d. Seegengotteser Gang.
e. Neueglücker Gang.

VIII. Uebrige Stollen, Gruben und Versuchbaue bei Grund, Wildemann, in der Fortsetzung des Rosenhöfer und Silbernaler Zuges bei Zellerfeld und Clausthal.

212. Magdeburger Stollen am Iberge.
213. Georg Carler Stollen.
214. Alter Stollen.
215. Auerhahner Pinge.
216. Verlegtes Pelikaner Suchort.

217. Felicitas unterer Stollen.
218. Felicitas mittlerer Stollen.
219. Felicitas oberer Stollen.
220. Alter Schacht.
221. Christianer Schacht.
222. Haus Braunschweig.
223. Haus Imhof und Heynitz.
224. Frankenscharner Stollen-Mundloch.
225. Wildemänner Hoffnung und Gabe Gottes.
226. Spitzenberger Ort.
227. Stollen unter dem Pochgraben.
228. Stollen über dem Pochgraben.
229. August Carl Ferdinander Stollen.
230. Haus Praun und Redensglück im Sonnenglanz.
231. Louise Caroliner Schacht } im grossen
232. Franz Auguster Stollen } Mönchthale.
233. Grube Prinz-Regenter Schacht am Iberge.
234. Neuer Seegner Schacht am Iberge.
235. Ferdinander Schacht am Iberge.
236. Lichtloch am Iberge.
237. Neuer Haselbergs-Ziehschacht am Iberge.
238. Neuer Haselbergs-Fahrschacht am Iberge.
238 a. 4tes Lichtloch des tiefen Georgstollens.
238 b. 5tes Lichtloch des tiefen Georgstollens.
238 c. Mundloch des tiefen Georgstollens.
238 d. Hülfe Gottes- und Isaaks-Tanner Stollen.
238 e. Hülfe Gottes.
238 f. Mundloch des Tagestollens.
238 g. Schürfe auf Schwerspaths-Auflagerungen am Restberge.
238 h. Aufgeschürfte Gänge.
238 i. Versuch an der Innerst.
238 k. Gittelsche Trift.
238 l. Gänge am Todtenmanne.

IX. Versuche, Schürfe und Stollen südlich des Silbernaler Zuges.

1. Mundloch des Laubhütter Stollens.
2. Lichtlöcher.
3. Wetzels-Stollen.
4. Sülpskappe.
5. Alter Stollen.
6. Hoffnung Gottes-Stollen.
7. Albertine.
8. Johannesbacher Stollen.
9. Kleines Clausthaler Glück.
10. Altes Ort.
11. Alte Oerter.
12. Güte des Herrn.
13. Güldener Löwe.
14. König Carl.
15. Silberkrone.
16. Hedwig Friederike und Julius Claus.
17. Antoinette.
17 a. Ueberfahrener Gang (Laubhütten).
17 b. Ueberfahrener Gang (Isakstanner).

Eisensteinsgruben am Iberge.

18. Heiliger Abend.
19. Glasekopf.
19 a. Hasselberg.
20. Pfannenberg.
21. Obernstieg.
22. Pfannenberg.
23. Jacober Pingen.
24. Kölkenpingen.
25. Lewerpingen.
26. Tiefe Gruber Zug.
27. Tiefer Zug.
28. Gegentrum.
29. Auf dem Tanze.
30. Viele.
31. St. Antonius.
32. Mittlerer Kunzenberg.
33. Kunzenberger Hauptzug.
34. Oberer Kunzenberg.

X. Rosenhöfer Zug.

239. Tiefe Georgstollen 1stes Lichtloch.
240. Rabenstollen-Mundloch.
240 [1]. Rabenstollen.
241. Himmlisch Heerer Schacht.
242. Vorderer Altenseegner Schacht.
243. Drei-Königer Schacht.
244. Willegottes und himmlisch Heerer Suchort ins Hangende.
245. Dorothea Maria Hedwig.

246. St. Johanneser Schacht.
247. Thurm Rosenhöfer alter Schacht.
248. Thurm Rosenhöfer neuer Schacht.
249. Drei-Brüder Schacht.
250. Silberseegner Richtschacht.
251. Hinterer Altenseegner Schacht.
252. Braunlilier Schacht.
252 [I]. Willegottes-Strecke.
253. Neujahrer Suchort.
254. Rederts-Ort.
255. Löwen-Burg.
256. Bergbau-Cassen-Suchort ins Liegende.
257. König Georger Suchort.

XI. Haus-Herzberger Zug.

258. Grosser Christoph.
259. Weisse Taube.
260. Prinzessin Christianer Schacht.
261. Prinz Carler Schacht.
262. Prinz Auguster Schacht.
263. Haus-Herzberger Fundgrubenschacht.
264. Langer-Stollen-Mundloch.
265. August Wilhelm und Buschglück.
266. Friedrich Wilhelm.
267. Frankenscharner Stollen-Flügelort.

XII. Burgstädter Zug mit Kron-Calenberg.

1. St. Jacober Neunzehn-Lachter-Stollen-Feldort.
2. Kroncalenberg- und Herzoger Schacht.
3. Herzog Johann Friedricher Schacht.
4. Ludwiger Neunzehn-Lachter-Stollen-Suchort ins Hangende.
5. Josuaer Schacht.
6. König David und Schützengesellschafter Suchort ins Hangende auf dem Neunzehn-Lachter-Stollen.

7. Moses und König Josaphat.
8. St. Ursula.
9. Charlotte.
10. St. Lorenzer Schacht.
10[x]. Haus-Herzberger tiefes Stollenort.
11. Haus-Braunschweiger Schacht.
12. Dorothea Landeskroner Schacht.
13. Charlotte und Gegentrumer Schacht.
13[x]. Fauler Gang.
14. Englische Treuer Schacht.
15. Herzog Georg Wilhelmer Schacht.
16. Haus Israeler Schacht.
17. St. Michaelis-Seegen Neunzehn-Lachter-Stollen-Suchort ins Liegende.
18. Sophier Schächte.
19. St. Catharіner Schacht.
20. Herzog Friedrich Ludwiger Neunzehn-Lachter-Stollen-Suchort ins Liegende.
21. St. Elisabether Schacht.
21[x]. Tiefer Stollen-Querschlag ins Hangende.
22. Herzog Christian Ludwiger Schacht.
23. St. Margarether Schacht.
23[x]. Landeswohlfahrter Ort ins Hangende auf dem tiefen Georgstollen.
24. Anna Eleonorer Schacht.
25. Kranich.
26. König Wilhelm.
26[x]. Auslängen auf dem Kranicher Gange in der tiefen Wasserstreckensohle.
27. St. Magdalener Feldort.
28. Serepta und Landeskroner Schacht.
29. Nachtigallen-Neunzehn-Lachter-Stollen-Suchort ins Hangende.
30. Oberes Auerhahner Neunzehn-Lachter-Stollen-Suchort ins Hangende.

31. Georg Ludwiger Neunzehn-Lachter-Stollen-Suchort ins Hangende.
32. Prinzessin Anner Schacht.
33. Haus Celler Frankenscharn. Stollen-Suchort ins Hgde.
34. Herzog Georg Ludwiger Schacht.
35. Untere und obere Landeswohlfahrts-Schächte.
35 [I]. Landesherrner Schächte.
36. Osteröder Zeche.
37. Weisse Rosser Schächte.
37 [I]. Philippiner Trum.
38. Haus-Celler Dreizehn-Lachter-Stollen-Suchort ins Hangende.
39. Drei-Steiger Neunzehn-Lachter-Stollen-Suchort ins Hangende.
40. König Balthasar und Rosenbüscher Schacht.
41. Neues St. Andreas-Suchort ins Hangende.
42. Gabe Gottes Dreizehn-Lachter-Stollen-Suchort ins Hangende.
43. Heinrich Gabrieler Schacht.
44. Grüne Hirschler Schacht.
45. Strausser Frankenscharner Stollen-Suchort ins Liegende.
46. Bergmannstroster Schacht.
46 [I]. Bergmannstroster und Dorotheer Markscheide.
47. Dorotheer Schacht.
47 [I]. Rosenbüscher Querschlag ins Hangende.
48. Juliane Sophier und Haus-Hannover Dreizehn-Lachter-Stollen-Suchort ins Hangende.
49. Caroliner Schacht.
49 [I]. Caroliner 25ster Strecken-Querschlag.
50. Neue Benedicte.
50 [I]. Benedicter tiefer Stollen-Querschlag ins Hangende.
51. Ludwiger Schacht.
51 [I]. Bergbau-Cassen Neunzehn-Lachter-Stollen-Suchort ins Hangende.

52. Prinzessin Amalier Schacht.
53. Kurprinz Georg August und Prinzessin Amalier Neunzehn-Lachter-Stollen-Suchort ins Liegende.
54. St. Ursula und Georger Schacht.
55. Prinzessin Elisabether Schacht.
56. Neuer Fortuner Schacht.
56 a. Kron-Calenberger Ort.
56 b. König Carl.
57. St. Ursel Schacht.
58. Bergwerkswohlfahrter Gang am Tage.
59. Bergwerkswohlfahrter Gang im Kron-Calenberger Orte.
60. Morgenröthe und Regenbogen.
61. Neue Fortuner und Carl Auguster Auslängen.
62. Neuer Herzog Auguster Schacht.
63. Bergbau-Cassen-Querschlag, 40 Lchtr. unter Tage.
63 a. Prinzessin Marier uud Herzog Auguster Gesammtrüsche.
64. Prinzessin Maria und Amalia.
65. Neuer St. Andreas und König Balthasar.
66. Löwenburger Schacht-Pinge.
67. Seegen Gottes tiefer Stollen.
68. Sonnen-Aufgang.

XIII. Altenauer Silbergruben und Versuche.

1. Haus Fürstenstein.
2. Neue Glücker Stollen.
3. Alter Stollen.
4. König Georg.
5. Herzog Carler Stollen.
6. Haus Bülow.
7. St. Jürgen.
8. } Silbergrube.
9. }
10. Alter Stollen.
11. Seegen des Herrn.
12. Schatzkammer-Stollen.
13. Schatzkammer-Stollen-Lichtloch.
14. Schatzkammer.
15. Schulthaler Stollen.

XIV. Lerbacher Eisensteins-Revier.

1. Freundschaft.
2. Knöppelberg.
3. 2tes Röddenthal.
4. Abendröthe.
5. 1stes Röddenthal.
6. 3tes Röddenthal.
7. 2tes Lehmenthal.
8. 1stes Lehmenthal.
9. Sonnen-Aufgang.
10. Conrads-Glück.
11. Alte Stollen.
12. Obere hohe Bleek.
13. Hohe Bleeker Stollen.
14. Unterer tiefer Bau.
15. Sonnenblumer Schachtpinge.
16. Tiefer Stollen.
17. Haus Lüneburg.
18. Oberer Stollen.
19. Oberer Schönenberger tiefer Stollen.
20. Grosser Christoph.
21. Kupferblume, jetzt Alter Seegen.
22. Ludwigs Glück.
23. Georg Wilhelmer Schacht.
24. Georg Wilhelmer Stollen.
25. Tiefer Stollen.
26. Sonnenschein.
27. Tiefer Sonnenscheiner Stollen.
28. Gelegenheit.
29. Ruhsteins Aufnahme.
30. Alter Stollen.

30 a. Alte Strasse.

31. Unteres Mühlenthal.
32. Neue Zeche.
33. Seegensberg.

34. Unterer Mühlenberger Stollen.
35. Grüner Wald.
36. Glückstern.
36a. Kleeberg.
37. Jacober Tagestollen.
38. Weintraube.
39. Blauer Busch.
40. Julius-Zecher Fundschacht.
41. Neueweger tiefer Stollen.
42. Neue Zecher Lichtschacht.
43. Weinschenker Tageschacht.
44. Weinschenker alter Schacht.
45. Bergbau-Cassen-Auslängungsort.
46. Abnerzugs Tageschacht (3tes Lichtloch).
47. Elisabether Schacht.
48. 49. } Abnerzugs-Pingen.
50. Ziegenberger Stollen.

XV. Altenauer Eisensteins-Revier.

51. Brauner Bähr.
52. Bergmanns Glück.
53. Herbst-Glück.
54. Braune Lilie.
55. Tiefer Stollen.
56. Sieh dich für.
57. Sibelle.
58. Drei Brüder.
59. Neuversuchtes Glück.
60. August, sonst Heinrichs-Zeche.
61. Morgenröthe.
62. Kehrzu Glück.
63. Beständigkeit.
64. Glücksseegen.
65. Neue Friedrichs-Zeche.

66. Frisch aufs Glück.
67. } Weinberger Stollen.
68. }
69. Melosina (Stollen).
70. Kron-Calenberg und Prinzessin Elisabeth.
71. Kron-Calenberg.
72. Charlotte.
73. Weisser Schwan.
74. Königin Anner Stollen.
75. Grüner Busch.
76. Wille Gottes.
77. Schacht.
78. Johann Georg.
79. Kônigin Anna.
80. Güldener Stern.
81. Morgenglanz.
82. Engels-Krone.
83. Johannes-Zeche.
84. Georg Friedrich.
85. Neues Glück.
86. Sonnenschein.
87. Andreas-Glück.
88. Seegen Gottes.
89. Georg Andreas.
90. Neue Rosse.
91. Tiefer Stollen.
92. Hoffnung, Schacht und Stollen.
93. Glück auf.
94. Gabe Gottes.
95. Sarepta.
96. Kalkbruch.
97. Bergmannstrost.
98. Gnade Gottes.
99. Rabenthals Glück.
100. Aschers Seegen.

101. Neuer August.
102. Drei Könige.

Südlich des Lerbacher und Altenauer Eisensteins-Reviers bei Riefensbeek und Kamschlacken.

1. Sarepta.
2. Bülows Glück.
3. Seegen Gottes.
4. Kron-Calenberg.
5. Bergmannstrost.
6. Neue Sarepta.
7. Cathariner Glück.
8. Alte Stollen-Mundlöcher.
9. König David und drei Steiger.
10. Beschert Glück.
11. König David.
12. Gnade Gottes.

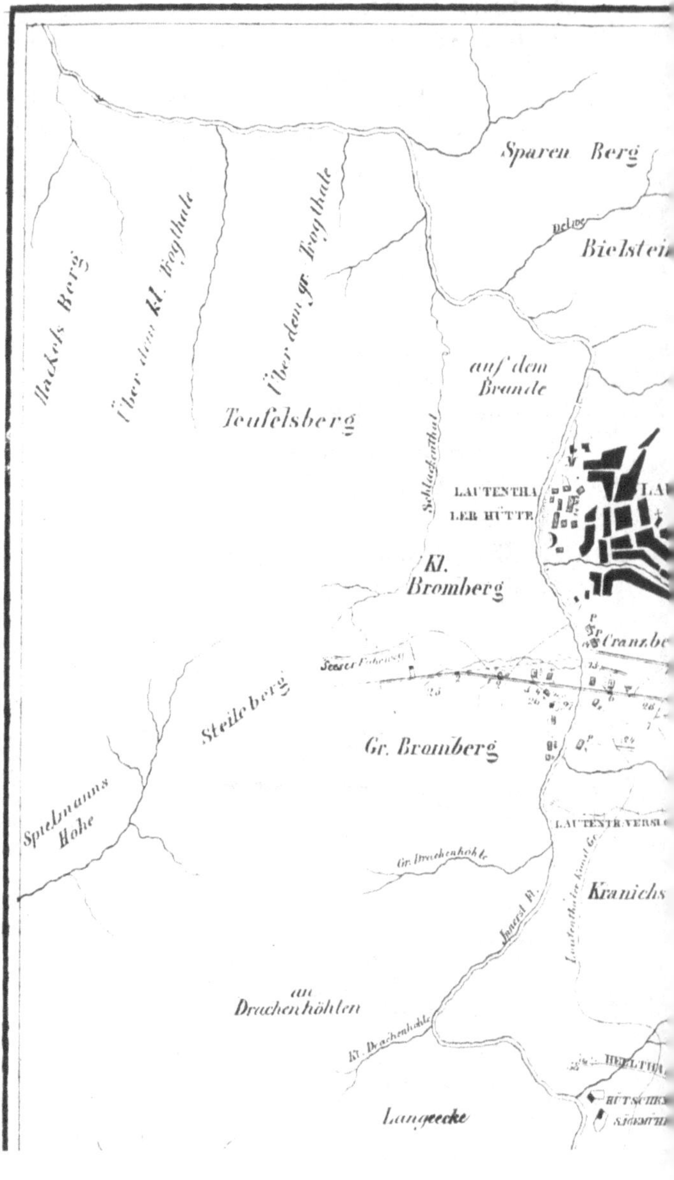

Sparen Berg
Hackels Berg
Teufelsberg
auf dem Brande
Schlackenthal
LAUTENTHA LER HÜTTE
Kl. Bromberg
Steileberg
Gr. Bromberg
Spielmanns Höhe
Gr. Drachenhöhle
Innerst Fl.
an Drachenhöhlen
Kl. Drachenhöhle
Langeecke

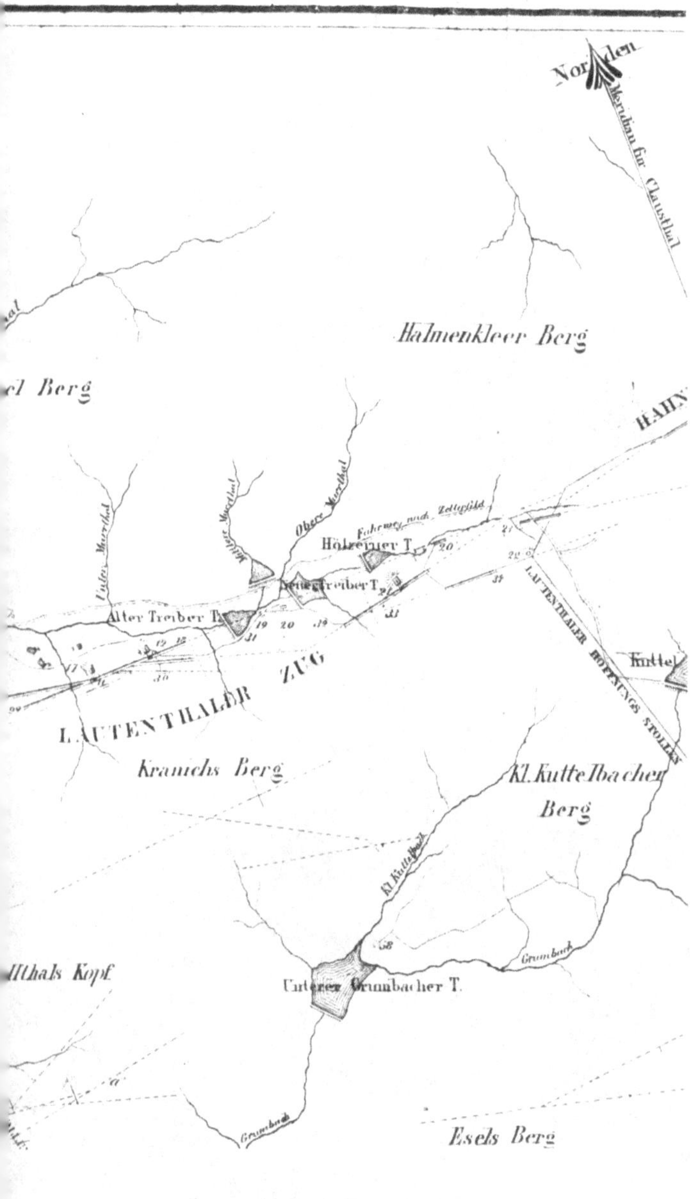

Norden
Meridian für Clausthal
Halmenkleer Berg
el Berg
HAHN
Untere Mosethal
Mittlere Mosethal
Obere Mosethal
Fahrweg nach Zellerfeld
Hölzeriner T.
Neuer Treiber T.
Alter Treiber T.
LAUTENTHALER ZUG
LAUTENTHALER HOFFNUNGS STOLLEN
Kranichs Berg
Kl. Kuttelbacher Berg
Kl. Kuttelbach
Unterer Grumbacher T.
Grumbach
Esels Berg

Todtemanns
Kopf
Mühlen Berg
Todtenthal
ZUG
HAHNENKLE
ENKLEER
Glocken Berg
Karpfen T
Kranicher Teich
Bocks Berg
Neuer Grumbacher Teich
Oberer Grumbacher T.
am
Knüppelwege
Ober
Mittlerer Grumbacher T
BOCKSWIESE
BOCKSWIESER ZUG
Tannhey
Oberer Spiegelthaler T.

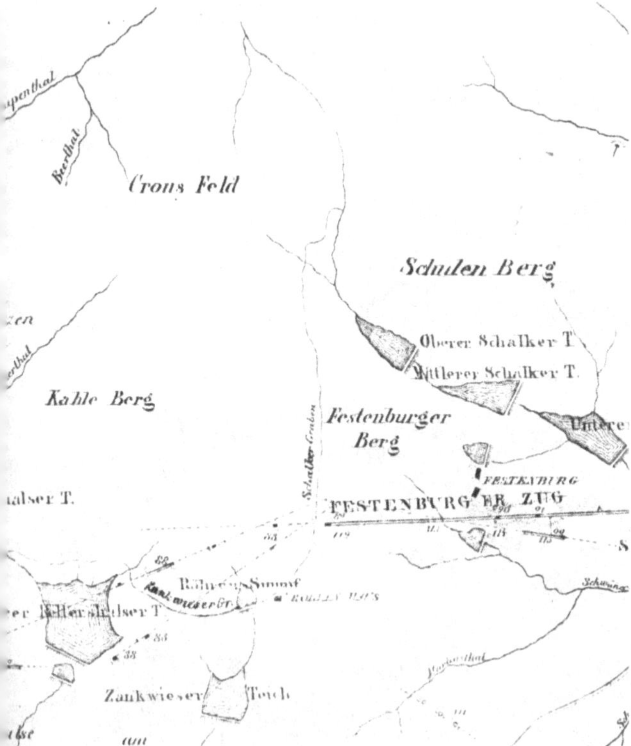
Beerthal
Crons Feld
Schulen Berg
Oberer Schalker T.
Mittlerer Schalker T.
Kahle Berg
Festenburger Berg
FESTENBURG
FESTENBURGER ZUG
Zankwieser Teich
am Harten Wege
Kiefholzer T
Kiefholz
Drei Stocken Platz
Schwein

Altethals Kopf
Wiesen
Riesenbach
Schulen Berg
Schalker T
SCHULENBERGER ZUG
KEISER HEINRICH
HULENBERG
Schulenbergerthal
Teufelsthal
Langethal
Mittel Berg
Kl. Rehthal
Langethal

Taf. I.

Ocker Fl.
Gemmeckenthal
Kl. Ahrends Berg
am Hirschschnuf
Die Kalbe
Grosse Riesicke
Kleine Riesicke
Dieterichs Berg
Rabatschen Bleeck
Ochsen Berg
Thal die Wurst Kamer
Kellwasser
Mittlere Rabenthal
Untere Rabenthal
Rabenthals Kopf
Hüttenkopf
ALTENAUER EISENHÜTTE
Berg
ALTENAUER SILBERHÜTTE
Schwarzen Berg
Flöss Thalchen
Hütten Graben

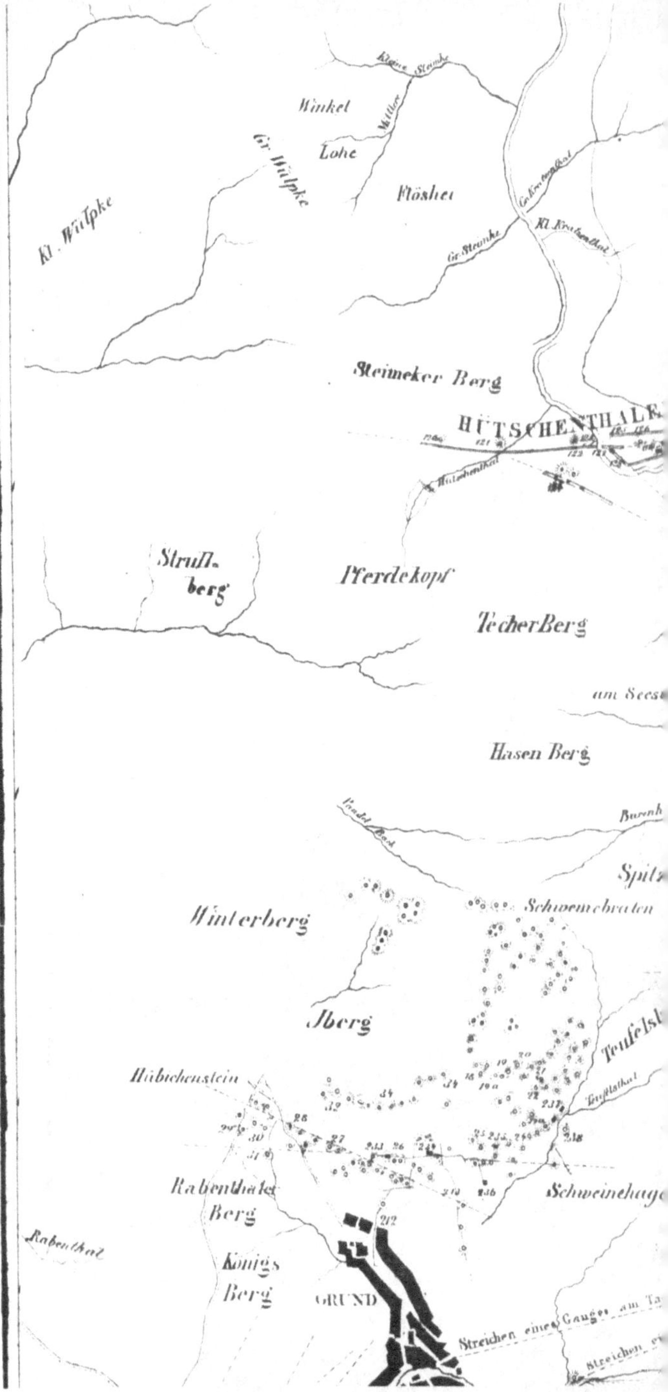

Kleine Steimke
Winkel
Lohe
Gr. Wülpke
Flöshei
Kl. Wülpke
Gr. Steimke
Kl. Krebenthal
Steimeker Berg
HÜTSCHENTHALE
Hütschenthal
Strußberg
Pferdekopf
Techer Berg
Hasen Berg
Winterberg
Schweinebraten
Iberg
Teufelst
Hübichenstein
Rabenthaler Berg
Schweinehage
Rabenthal
Königs Berg
GRUND
Streichen eines Ganges am Ta

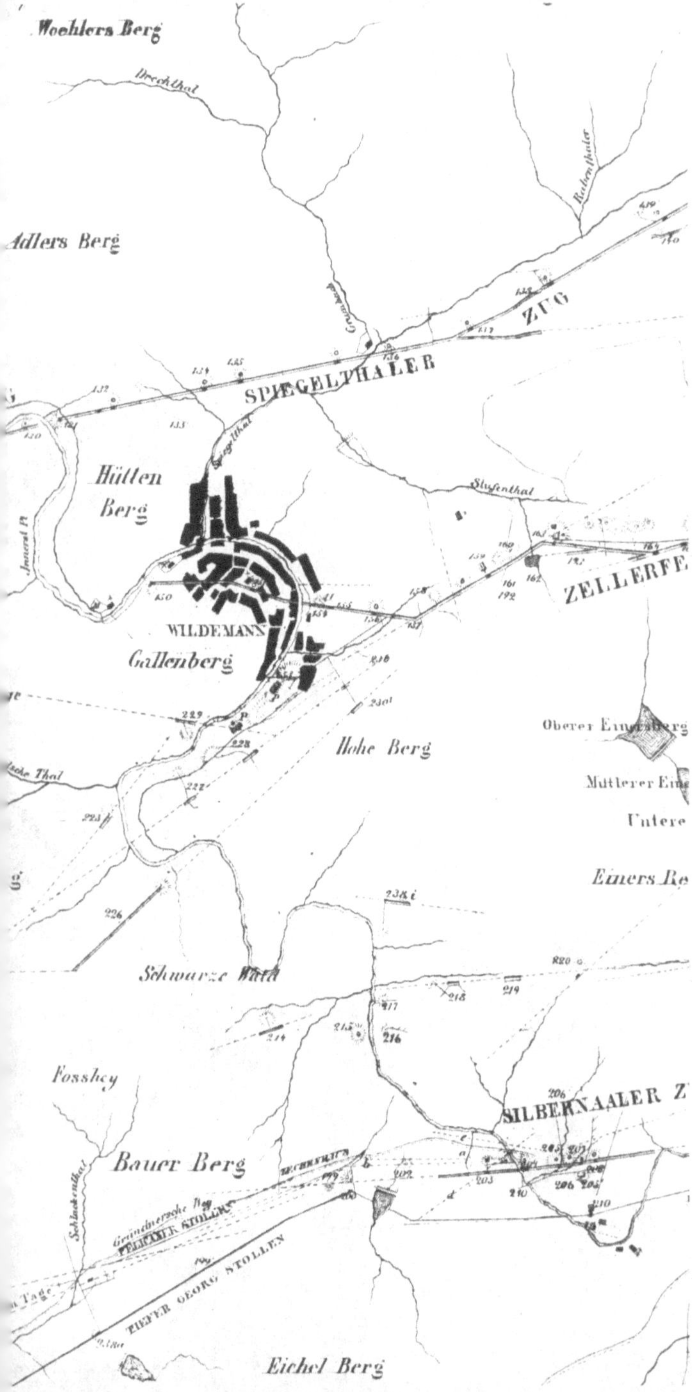

Woehlers Berg
Drechthal
Adlers Berg
SPIEGELTHALER
ZUG
Hütten
Berg
Stufenthal
WILDEMANN
Gallenberg
ZELLERFE
Hohe Berg
Untere
Schwarze Wald
Fosshey
SILBERNAALER Z
Bauer Berg
TIEFER GEORG STOLLEN
Eichel Berg

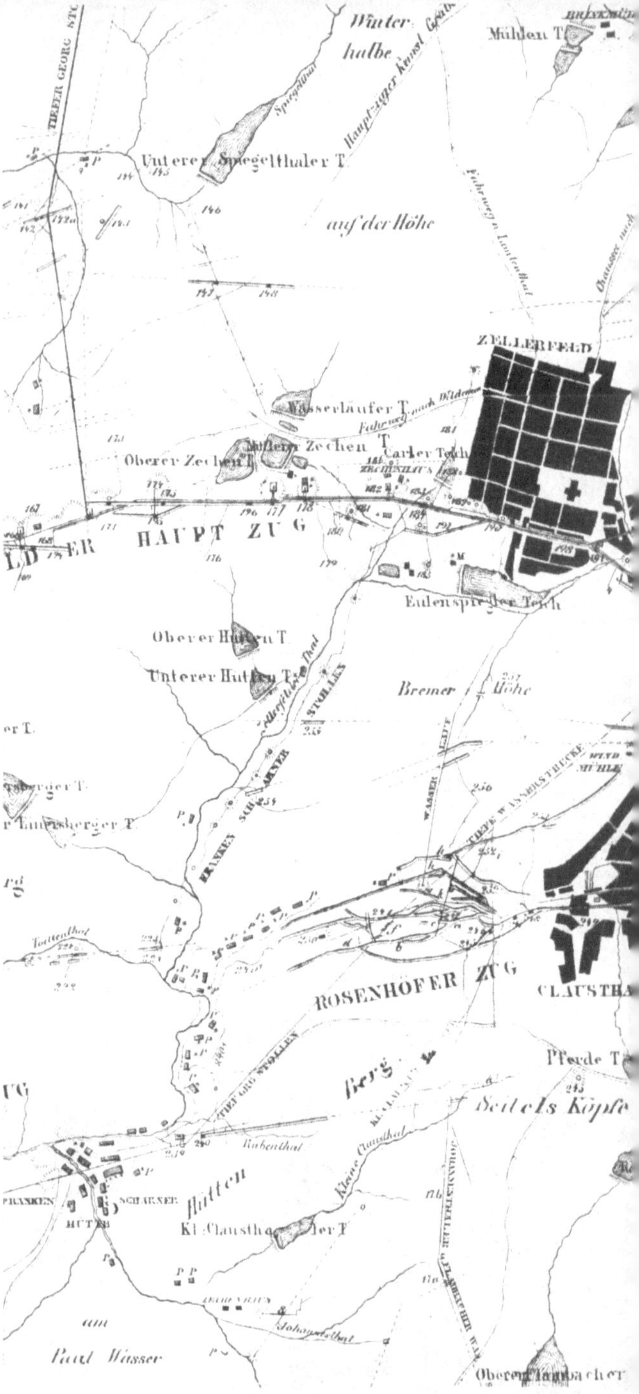

Winter halbe
Mühlen T.
Unterer Spiegelthaler T.
auf der Höhe
ZELLERFELD
Wasserläufer T.
Oberer Zechen T.
Carler Teich
HAUPT ZUG
Eulenspiegler Teich
Oberer Hutten T.
Unterer Hutten T.
Bremer Höhe
ROSENHÖFER ZUG
CLAUSTHA
Pferde T.
Berg
Seitels Köpfe
Hutten
Kl: Clausthaler T.
am
Paul Wasser
Johannesthal
Rabenthal
Kleine Clausthal
Tottenthal
SCHARNER

Pröderbacher T.
an der Hasenwiese
Hasen Teich
Sadlweger T.
Langer T.
HAUS HERZBERGER ZUG
an der Lange
Oberer Eschenbacher T.
Langer Teich
Treppen Berg
Mittlerer Eschenbacher T.
ALTER WASSERLAUF
Oberer Haus Herzberger T.
VOIGTS LUST
Unterer Eschenbacher T.
Unterer Haus Herzberger T.
an der Lange
FRANZ AUG WASSERLAUF
Georg Illings T.
BURGSTÄDTER ZUG
Unterer Pfauen T.
Mittlerer Pfauen T.
Oberer Pfauen T.
STOLLEN
Rosenbüscher Gang
Johann Friedricher T
Bruch
Alter Wasserlaufer T.
Holzberger Grund
Buntenböcker Weg
Hurenholz
Oberer Nassewiese
Buntenböcker Holz
Pixhaier Mühlen T
Unterer Nassewiese
Schwarzenbacher T
BRENNEREI
PIXHAIER MÜHLE
Buntenböcker Holz
Bärenbrucher T.

Dietrichs Berg
Schwarze Wasser
Covents Hey
Neuer Fortuner T.
Schwarzfärbers Wiese
Jägersbleeker T.
NEUE SCHMIEDE
Polster Berg
an der gläsernen Brücke
Hirschler Teich
Neuer Hutthaler T
Schiere Tannen
Kehrzu

ALTENAU
Kirch Holz
Osten
Gerlachs Bach
Hutten Teich
Rothen Bach
Rothen Berg
Rothen Bach
Tränke
Winkelmanns Hey
Sperber Hey
Sperber Damm
DAMMHAUS
Zeichen Erklärung.
Aufgeschlossene Gänge
Gangbare Tageschächte.
Jnwendige Schächte.
Stollen Mundlöcher.
Stöllen, Querschläge, Suchörter, Wasserläufe.
Bergwerks Gebäude

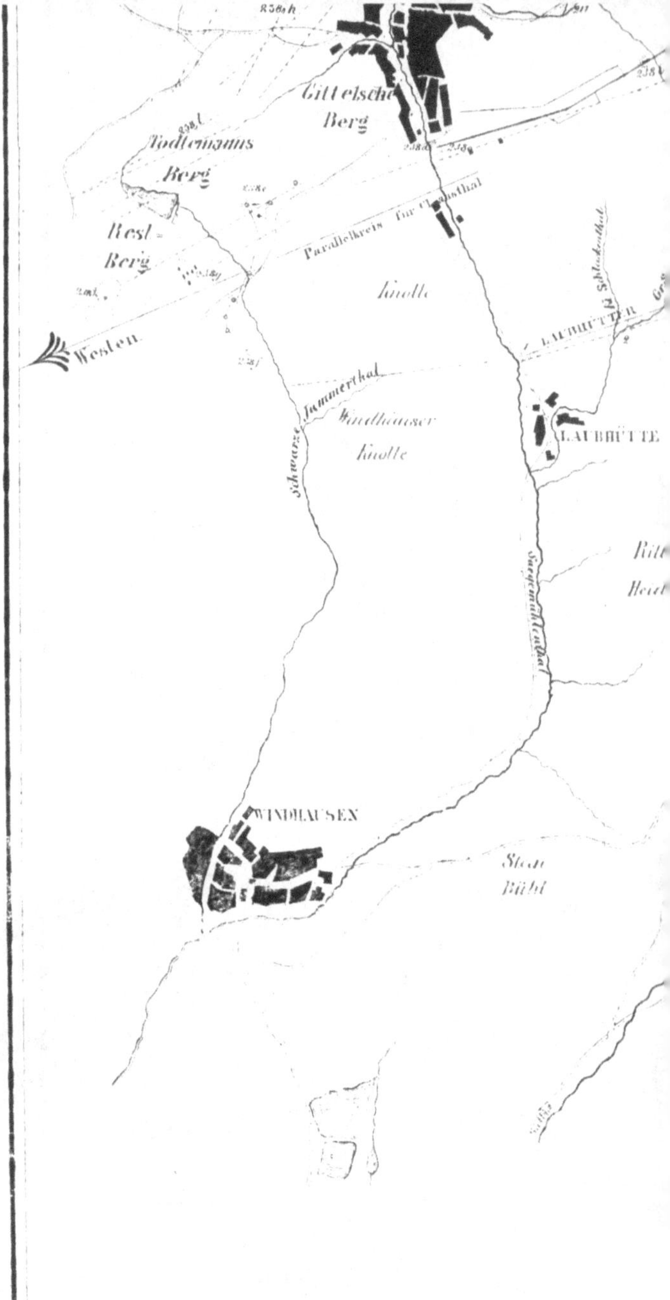

Gittelsche Berg
Todtemanns Berg
Rest= Berg
Parallelkreis für Clausthal
Knolle
Westen
Jammerthal
Windhäuser Knolle
Schwarze
LAUBHÜTTE
WINDHAUSEN
Stein Bühl

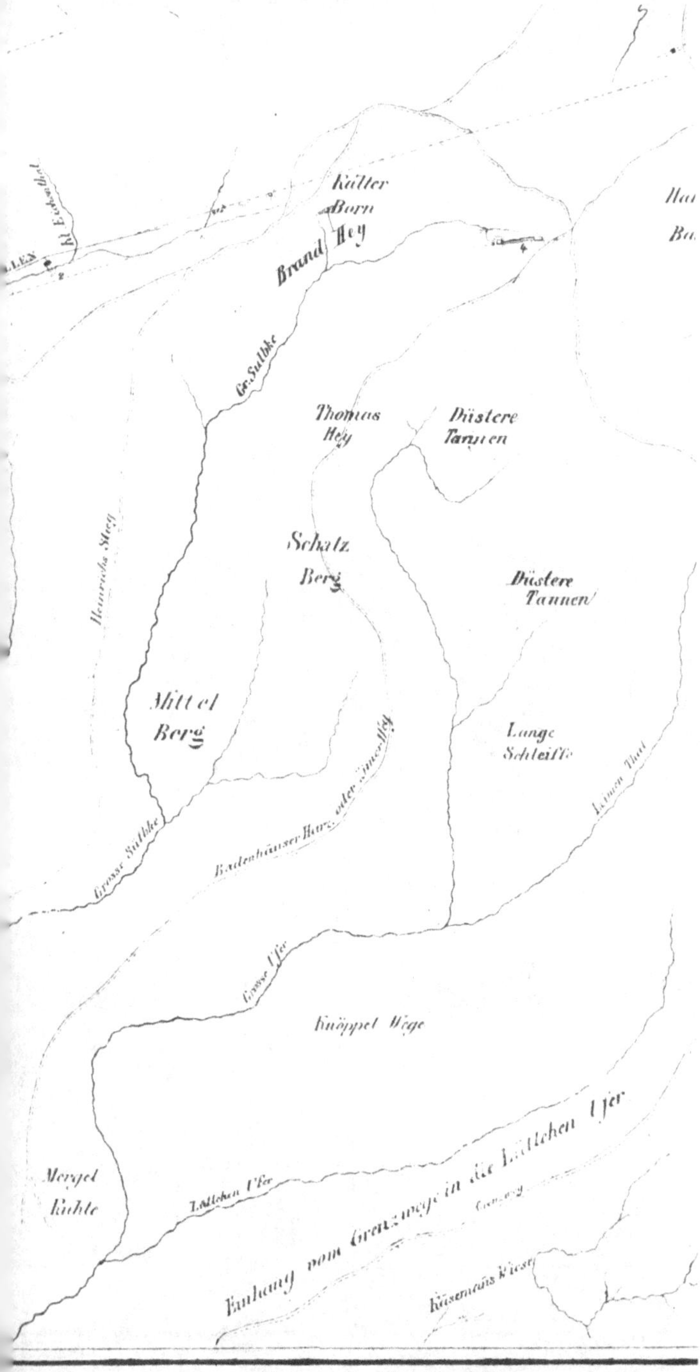

Kl. Eichsthal
Kälter Born
Brand Hey
Gr. Sulbke
Thomas Hey
Düstere Tannen
Schatz Berg
Düstere Tannen
Heinrichs Stieg
Mittel Berg
Lange Schleiffe
Grosse Sulbke
Grosse Ufer
Knöppel Wege
Mergel Kuhle
Einhang vom Grenzwege in die Lüttchen Ufer

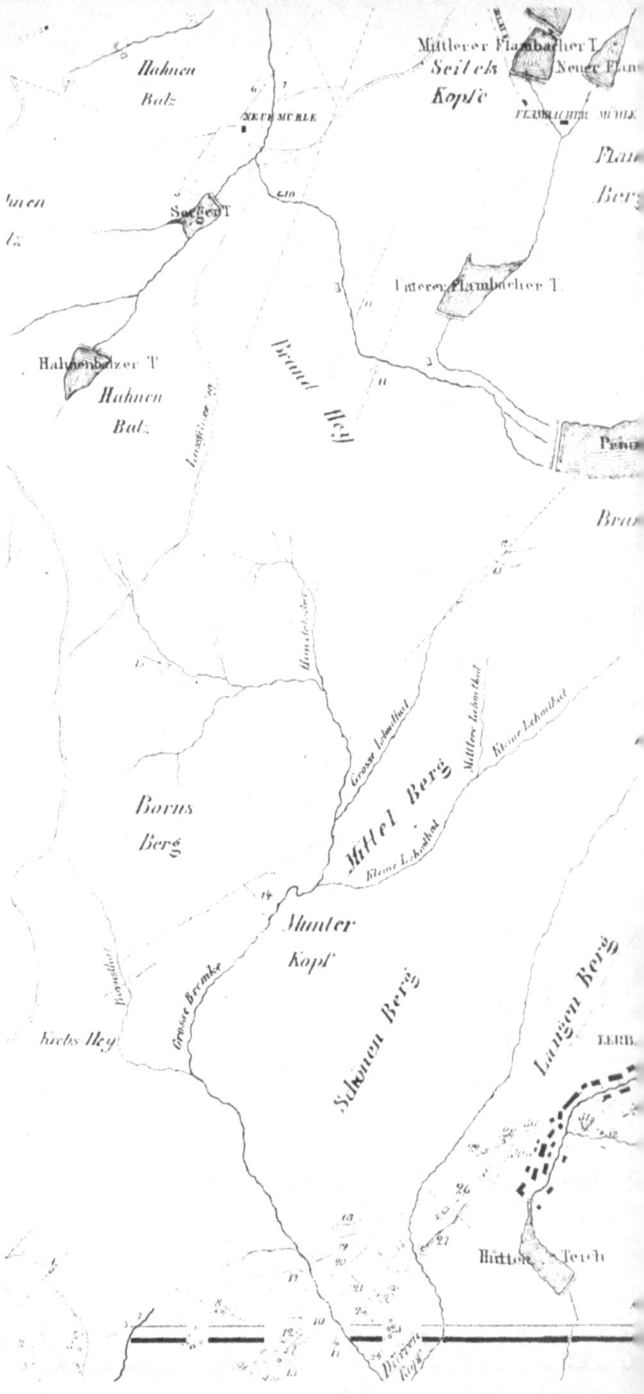

Hahnen
Balz
NEUE MÜHLE
Mittlerer Flambacher T.
Seilels
Köpfe
FLAMBACHER MÜHLE
Sorgen T
Unterer Flambacher T.
Hahnenbalzer T
Hahnen
Balz
Brand Hey
Grosse Lehmthal
Mittlere Lehmthal
Kleine Lehmthal
Mittel Berg
Kleine Lehmthal
Borns
Berg
Munter
Kopf
Schönen Berg
Langen Berg
Grosse Bremke
Krebs Hey
Hütten Teich

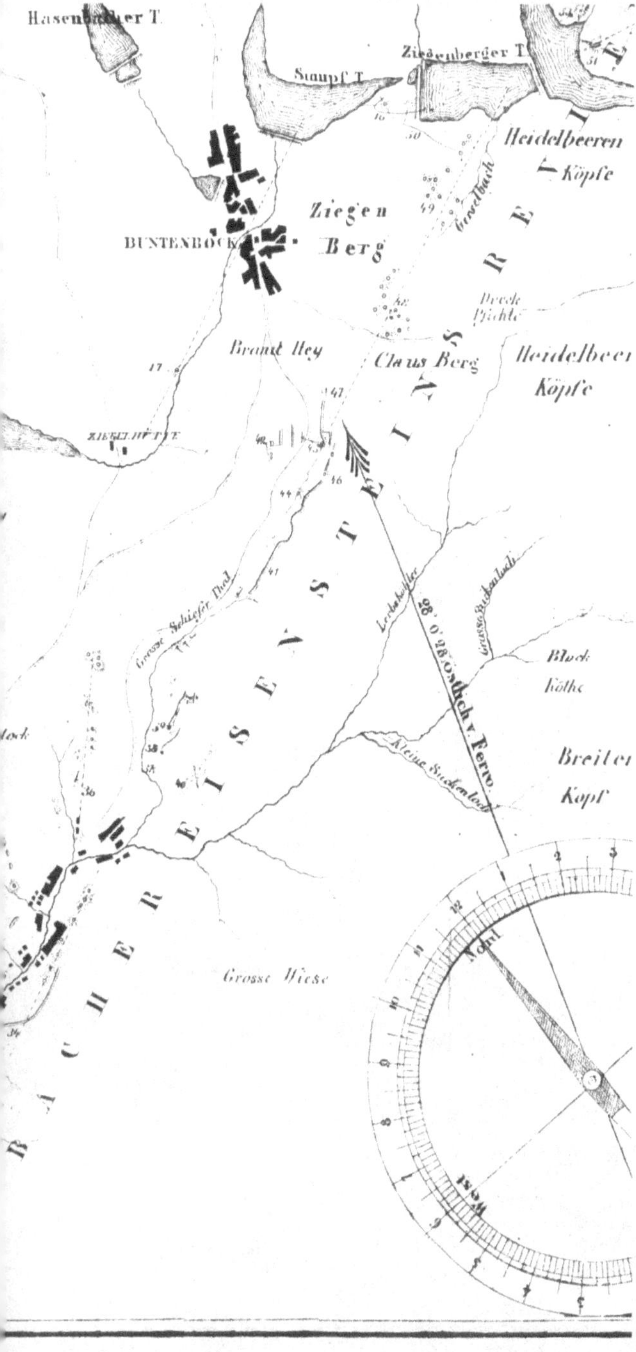

Sumpf T.
Ziegenberger T.
Heidelbeeren Köpfe
Ziegen Berg
BUNTENBOCK
Brand Hey
Claus Berg
Heidelbeer Köpfe
EISENSTEINS REVIE
BACHER
Grosse Schiefer Thal
Block Köthe
Breiten Kopf
28°0' Östlich v. Ferro
Grosse Wiese
Nord
West

Kehr zu
Brand Kopf
Quitschen Berg
Breite Stüdle
Am Limpig
Stein Berg
RIEFENSBEECK
Hintere Hundeloch
Eichelthal
Ost
EIS
HAN

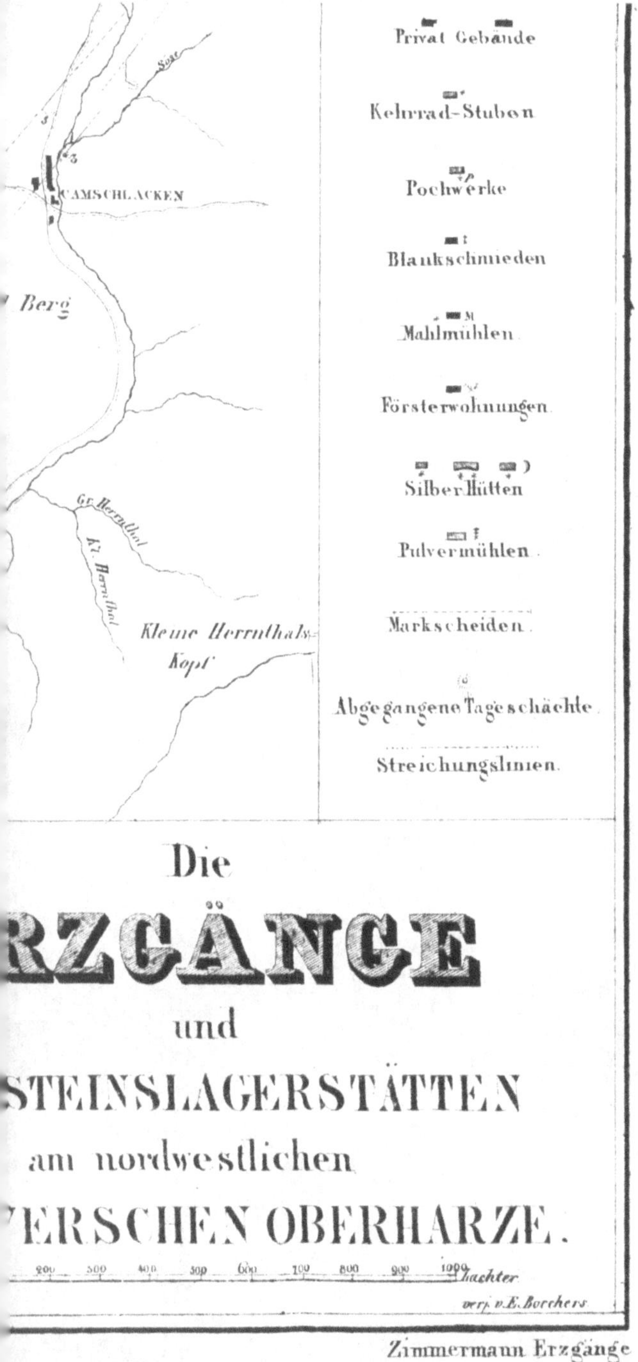

Zimmermann Erzgänge

FSC
www.fsc.org
MIX
Papier | Fördert
gute Waldnutzung
FSC® C083411

Kolibri 360 GmbH
Ferdinand-Jühlke-Straße 7
99095 Erfurt, Deutschland
produktsicherheit@kolibri360.de